岭南祠庙一阕

周彝馨　吕唐军——著

化学工业出版社
·北京·

内 容 简 介

祠堂是宗族精神的寄托，庙宇是宗教精神的寄托，其核心均为仪式空间与精神空间的统一。岭南祠堂、庙宇建筑不仅形制同构，而且都是岭南建筑的精华代表，全面、清晰地保存了岭南建筑的特色和演变历史。本书介绍了岭南祠庙中的18个代表作品，从环境、总体形制、单体形制、结构形制、装饰形制几个方面阐述了岭南祠庙建筑形制，并深刻解读了岭南祠庙建筑宗族集权、因地制宜、慎终追远、开放多元、彰显富贵等人文特点。全书图文并茂，并有精美手绘插画和测绘图，呈现出精彩纷呈的岭南祠庙艺术形象。

本书可供建筑设计人员、建筑研究人员及相关专业人员参考，也可供对岭南建筑感兴趣的读者阅读。

广东省自然科学基金项目（2021A1515011819）

广东省普通高校重点领域专项（2019KZDZX2019）

图书在版编目（CIP）数据

岭南祠庙一阕 / 周彝馨，吕唐军著．—北京：化学工业出版社，2022.10

ISBN 978-7-122-42027-5

Ⅰ．①岭… Ⅱ．①周… ②吕… Ⅲ．①祠堂－古建筑－建筑艺术－广东 Ⅳ．①TU-092.2

中国版本图书馆 CIP 数据核字（2022）第 148216 号

责任编辑：李彦玲　　文字编辑：吴江玲
责任校对：杜杏然　　装帧设计：水长流文化

出版发行：化学工业出版社（北京市东城区青年湖南街 13 号　邮政编码 100011）
印　　装：河北京平诚乾印刷有限公司
787mm×1092mm　1/16　印张 11½　字数 350 千字　2023 年 1 月北京第 1 版第 1 次印刷

购书咨询：010-64518888　　售后服务：010-64518899
网　　址：http://www.cip.com.cn
凡购买本书，如有缺损质量问题，本社销售中心负责调换。

定　价：98.00 元

前言

岭南建筑精粹实在于“祠”“庙”。“顺德祠堂南海庙”，此俗语不仅说明了岭南腹地的祠庙数量、质量之高，也点出“祠”“庙”在岭南建筑中的特殊地位。

“祠庙”狭义理解为祠堂和庙宇，祠堂为宗族精神之寄托，庙宇为宗教精神之寄托，其核心均为仪式空间与精神空间之统一。广义思考，“祠”还包括众多先贤祠、书院等建筑，“庙”还包括众多坛庙、学宫等建筑，且岭南地区建筑分类不拘一格，借名、藏名、共名者甚多，因此我们不应狭隘地看待“祠庙”的内涵。

岭南祠庙之重，绝非简单数字所能概括。要研究岭南古建筑与民俗，祠庙实为最佳切入点。无论是从建筑环境、整体形制或构件形制，岭南祠庙建筑都全面、清晰地保存了岭南建筑之特色、之演变。

岭南祠庙数量众多，形制结构成熟，然每一个体又都独具匠心，勇于变化与超越，亦如岭南文化个性：集于大成，勇于开创。

岭南祠庙，如词曲一般，豪放有之，婉约有之，古朴有之，华丽有之，见者神怡。是以选取其中一阕，以飨读者。

周彝馨

2021 年冬于华南农业大学建筑学系

目录

1 岭南祠庙概述

2 岭南祠庙撷英

3 岭南祠庙建筑形制

4 岭南祠庙建筑的人文特点

1 岭南祠庙概述

岭南指五岭（大庾岭、骑田岭、都庞岭、萌渚岭、越城岭）之南，包括今广东、广西、海南、香港、澳门全境，湖南、江西等省的部分地区，越南北部地区。（《中国历史地名大辞典》）

“岭南”主要是一个文化地理概念。“岭南”这一地理历史概念经历了一个长期的文化历史过程，其地域范围是历史流变的。不同时代岭南的地域范围不同，但其核心地带为珠江三角洲一带，却从未改变。

本书探讨的“祠庙”建筑，狭义理解是指祠堂建筑和庙宇建筑，祠堂为宗族精神之寄托，庙宇为宗教精神之寄托，其建筑理念的核心均为仪式空间与精神空间的统一。广义思考“祠庙建筑”，“祠”还包括众多先贤祠、书院（岭南地区常常祠堂和书院合一）等建筑，“庙”还包括众多坛庙、学宫（学宫和文庙常常合一）等建筑，且岭南地区建筑类型不拘一格，借名、藏名、共名者甚多，因此我们不应狭隘地看待“祠庙”的内涵。

本书研究的祠庙建筑的时间范围，是指始建于1911年以前的历代的祠庙建筑。

1.1 岭南祠庙的自然环境

岭南的地理环境是非常特殊的。这里背靠五岭，两湖再往北就是广阔的中原；这里面向南海，海南再往南，就是浩瀚的深海。从地势上看，岭南北部处于五岭向丘陵、平原转换过渡地带，因而地势较高，向南逐渐降低，逐渐进入丘陵、平原地带；从地形上看，岭南基本上呈西北——东南走向，南北距离较短，东西相当广阔，西北方向主要为山岭、内陆，东南方向为平原、海边。这样的地势地形特点使岭南具有独特的地貌，拥有丹霞、石灰岩、红壤等多种独特地质学价值的地貌资源，以及独特人文景观的文化资源。

岭南的气候特点也非常突出。北回归线横穿广东省中部陆地，且广东省平均海拔为38米，总体上属于低海拔地区，因此形成潮湿温润、冬暖夏长、四季常绿、全年宜人的气候条件和天气特点。

正如梁启超曾经在1902年所作的《中国地理大势论》中说，在政治地理上看，粤人是中国民族中最有特性者，其言语、习尚皆异于他处，此地之民族性质与其他地方很不相同，其人颇有独立之想，有进取之志，亦稍习于外事。

1.2 岭南祠庙的人文历史背景

新石器时代，百越先民已经在岭南开创了原始的渔耕文明。几千年来，岭南这片土地上，人文荟萃，积淀深厚。唐宋年间，手工业、商业和文化已经鼎盛；明清时期更加辉煌，繁荣的商贸业、纺织业、陶瓷业、铸造业，特色的粤剧、音乐、武术、民间

工艺等，形成了独特的文化共同体；清末岭南地区又成为中国近代民族工业的发源地之一。

作为中华文化大格局中的区域文化，岭南文化因其所处的地理方位、族群构成、语言民俗、自然环境等因素而有别于其他区域文化，在漫长的历史发展中有自身的人文历史特征。

1.2.1 岭南是海上丝绸之路的重要发祥地

“海上丝绸之路”是古代东西方海上邦交往来、经济贸易、文化交流的通道。地处亚太地区海上交通要冲的岭南，千百年来一直是中国面向海洋、走向世界的南方门户，是“海上丝绸之路”的重要发祥地。“南海丝绸之路”是“海上丝绸之路”的主航道，以广东沿海港口为枢纽。“海上丝绸之路”形成于秦汉时期，发展于魏晋至隋唐时期，鼎盛于宋元时期，转折于明清时期，联结了世界的海上航路，使岭南成为通往全球的东方港口，直接影响了岭南地区的历史发展。

因为“海上丝绸之路”，岭南成为中国外贸中心与对外开放门户，从唐代开始便首创市舶使、市舶司与粤海关等管理制度，其外贸活动使明代的广州号称“金山珠海，天子南库”，更有举世闻名的广东十三行，积累了大量的财富。海上丝绸之路的发展成熟，促进了异常发达的丝织行业出口贸易，由此产生了行业会馆的代表——锦纶会馆。

“海上丝绸之路”还使岭南成为东西方文化和科技传播交流的重要孔道，使岭南成为“西学东渐”和“中学西传”的主要门户。“海上丝绸之路”使岭南产生了大量的侨民，华侨文化在近代历史上不仅强烈地影响了岭南文化，也影响了中国乃至世界的文化和历史。

1.2.2 岭南的宗族文化

岭南地区村落结构与社会结构的完整性与持续性很早就受到国内外学者的关注，岭南地区宗族力量的强大与顽强是其他地方难以比拟的。历代南迁的人民人丁繁衍，聚族而居，中原地区远古的宗族制度在岭南开枝散叶。

广府宗族文化影响下的梳式村落，是传统村落中最为严整划一的规划。“三间两廊”的原型源自传统合院式布局，是中国传统住居文化在岭南发展演变的结果，中轴对称式布局，通常厅堂、神台或神龛位于中轴线上，就体现了家庭伦理与礼序、尊卑等传统观念。

“顺德祠堂南海庙”充分说明了岭南地区的祠堂数量之大、质量之高。番禺人屈大均《广东新语》说“岭南之著姓右族……其大小宗祖祢皆有祠，代为堂构，以壮丽相高”。最精美的“三雕两塑一画”大量应用在祠堂装饰上，非物质文化遗产也大多依附于祠、庙这两大文化空间演绎。

宗族制度发展的需求是推动祠堂建筑兴建的内在动力。明中晚期为了巩固宗法制度和宗族群体，岭南宗族大兴土木，建造祠堂。正如陈献章为宗祠题记时所写“贫贱不薄于骨肉，富贵不加于父兄，宗族者谁乎？故曰：‘收合人心，必源于庙。’”[1]明中晚期朝廷先后涌现一批科举鼎甲、权倾朝野的广东籍人士，如梁储[2]、方献夫[3]、霍韬[4]、庞嵩、庞尚鹏、冼桂奇等。这些功名人物对于宗族的发展起着推波助澜的作用。如庞嵩设立“小宗祠之制”使得平民百姓亦可“上祀始祖、下祀父祖、旁及支子，既无繁缛之嫌，也无失礼之处”，受到广泛欢迎。庞尚鹏主要针对族人言行举止所作种种训诫的《庞氏家训》成为广东各族竞相模仿的家训范本。而霍韬对于宗族组织发展而作的努力则更为庞杂：第一，设立族产为其整合宗族提供物质基础，即“祭祀有田、赡族有田、社学有田、乡厉有田”。第二，“创建大宗祠……把五代祖先神位共祀一堂，把原已衍化分散的个体家庭重新统一在始迁祖的血缘范围内……设立家长一人‘总摄家事’，立宗子一人‘惟主祭祀’，从而从组织上重构宗族形态[5]”。第三，创置考功与会膳制。每年元旦，族内成年男丁聚于祠堂举行“岁报功最”奖罚仪式，刺激族人积极从事各业以壮大家族力量。每逢朔望则合族男女聚祠共餐，会膳者在每次完成一系列仪礼之后“尊祖敬宗”的宗族认同感又一次加深。第四，创立社学书院。第五，制定家训家规。霍韬整合重构宗族组织的模式，成为后来广东强宗右族整合和发展的共同蓝本。宗族组织十分发达，并形成具有一定独特自治色彩的社会群体，在一定程度上起到了管理社会基层组织的作用，而祠堂则成为宗族组织不可或缺的强有力的纽带，祠堂建筑的兴建随宗族组织的加强而兴旺。清末更是出现了合族祠这种特殊的建筑类型，如广州的陈家祠。

1.2.3 岭南多元共融的信俗文化

岭南处于中国大陆最南端，距离传统文化核心区域遥远。因此岭南文化自古代以来就呈现出边缘性、非主流性的姿态。但这种边缘状态也使岭南文化获得了更加自由广阔的生存和发展空间。

岭南北倚五岭，南向大海，水路交通相当便利，经常处于海路交通的前沿地带，历来是对外经济贸易、文化交流的窗口和桥梁，更是最早接触和吸纳外来文化的地区。岭南人长期与全国各地，甚至海内外通商、频繁交往，广泛吸收各种文化。

---

[1] 仇巨川. 羊城古钞[M]. 广州：广东人民出版社，1993：36.

[2] 梁储（1451—1527），字叔厚，号厚斋，又号郁洲。戊戌会试第一名，传胪二甲第一名，成化十四年（1478）进士，正德十年（1515）任首辅。谥文康，御赐葬祭。

[3] 方献夫（1485—1544），初名献科，字叔贤，号西樵。弘治十八年（1505）进士，庶吉士。于明弘治、正德、嘉靖三代为臣，任太子太保、吏部尚书、武英殿大学士，被尊称为“方阁老”。谥文襄。

[4] 霍韬（1487—1540），字渭先，初号兀厓，后改渭厓，明正德进士，会试第一。官至礼部尚书太子少保。追封为太师太保，谥文敏。

[5] 刘正刚，袁艳萍. 明代广东宗族组织探析[J]. 广东史志，1998（2）：5.

岭南文化的构成是相当多样、复杂的。这种丰富多元、复杂多变的文化构成，使岭南文化兼收并蓄、包容众有。因此在长期的发展、传承、转换过程中，岭南文化一直保持着对各种优秀文化、特色文化的尊重、选择、吸收和运用。

1.2.4 岭南绚丽多彩的艺术文化

岭南的水土孕育了岭南独特的艺术文化，它既传承和发展了岭南本土的艺术传统，又吸收和融会中原和其他少数民族艺术之长，同时还受西方文明的影响，形成了多样、兼容、创新、世俗、娱乐、写实的特色，其中绘画、戏曲、音乐、建筑、服饰、工艺等，均在中华艺术中占有重要一席。岭南画派、粤剧、陶塑、木雕、年画等多种类型的艺术文化对岭南祠庙建筑产生了深远影响。

（1）岭南画派

“岭南画派”是20世纪20年代崛起于中国画坛并延续至今的重要流派，也称“折衷派”，以高剑父、高奇峰、陈树人为创始人，以岭南地域人物为中心，主张“折衷中西、融汇古今”，以倡导艺术革命、建立现代国画为宗旨，提出形神兼备、雅俗共赏的审美标准，从而以其独有的风格和面貌登上中国画坛，与京、沪两地的绘画形成三足鼎立之势。

岭南画派体现了崭新的文化精神：一是革命精神，这是岭南画派产生和发展的思想基础；二是时代精神，这是岭南画派区别于旧国画流派的主要特征；三是兼容精神，这是岭南画派的艺术主张，是革新的重要途径；四是创新精神，这是岭南画派产生的动力。

（2）粤剧

岭南人民创造了绚丽多彩、富有岭南地方特色的音乐戏曲形式，在器乐、民歌、戏曲等方面都有杰出的成就，形成了独具一格的岭南音乐戏曲体系。

岭南的戏剧千姿百态，有被称为“岭南四大剧种”的粤剧、潮剧、广东汉剧、琼剧，还有广西的壮剧、桂剧，海南北部和湛江地区的雷剧，粤东的西秦戏、正字戏等。岭南曲艺有粤曲、木鱼、龙舟、广东南音等。岭南器乐有被称为“东方民间音乐明珠”的广东音乐，还有潮州音乐等；民歌体裁则有客家山歌、壮族民歌等；此外还有各具特色的岭南少数民族音乐。

粤剧是用粤语演唱的戏曲剧种，流行于广东、广西、海南、香港、澳门等粤语地区，以及东南亚、大洋洲和美洲华侨聚居地区，有过“本地班”“广腔班”“锣鼓大戏”“广府大戏”“广东大戏”等称，至光绪末年始称“粤剧”，是岭南四大地方剧种之首。粤剧是广府文化的一个重要特征，对凝聚海外华人贡献巨大。

粤剧具有民族特色，且开放兼容、勇于变革。粤剧具有强烈的地域性和民俗性。它植根于生活，反映了岭南人民的生活、思想感情、愿望和审美情趣。粤剧大胆接纳各种新的艺术因素，不拘一格。粤剧的发展，就是不断兼容其他民间音乐、唱腔、说唱、歌舞、演奏方式、表演形式的过程。粤剧“融会南北戏剧之精华，综合中西音乐而制曲”，“不独欲合南北剧本为一家，尤欲综中西剧为全体，截长补短，去粕存精，使吾国戏剧成为世界公共之戏剧，使吾国艺术成为世界最高之艺术”。（图1-1）

图1-1　佛山祖庙万福台上的粤剧表演

（3）以石湾窑为代表的岭南陶塑

“石湾陶，景德瓷”，是中国陶瓷的精髓。佛山石湾素有“南国陶都”之称，明清以来的石湾窑代表了广窑的最高水平。

岭南地区是中国陶瓷文化发源地之一。距今9000多年的岭南最早的新石器时代遗址——桂林甑皮岩遗址，已经发现有早期陶器遗存。岭南多地发现史前彩陶遗址，特别是环珠江口地区分布甚密。在距今5000多年前的佛山河宕遗址出土了大批夹砂陶、软陶和硬陶印纹陶片，印纹种类达30多种。河宕的陶器纹饰，是我国同一历史时期印纹陶遗址中陶饰最丰富多彩的，其中的云雷纹比商、周青铜器的云雷纹还早1000多年。岭南新石器时期晚期遗址多处发现硬陶——几何印纹陶，春秋时期达到鼎盛阶段，形成了有别于中原地区仰韶文化彩陶陶系和龙山文化黑陶陶系的独具岭南特色的陶系。南越国宫署御苑遗址出土的印花大方砖和大型陶板瓦、筒瓦，显示了西汉初南越国地区制陶工艺的水平。

唐代广州烧制的白瓷已名闻京都。唐高宗时，李勣奉旨修撰的《本草》玉石部载：“白瓷屑，平无毒。广州良，余皆不及。”佛山市高明区灵龟园内的两座唐代龙窑至少有上千年历史，是广东最古老的龙窑。南汉广府青瓷堪称五代南方青瓷的代表，广州皇帝岗窑、南海官窑都是代表，在阿拉伯半岛的阿曼还曾发现南海官窑制作的彩绘瓷盒。岭南宋代窑址有阳江石湾、东莞石湾、佛山石湾、广州西村、潮州百窑村、肇庆竹竿山、惠阳白马山等数百处，仅佛山石湾发现的北宋龙窑就有20多条。岭南地区陶瓷产量十分可观，除了满足本地需要外，还大批量远销海外。石湾窑和奇石窑是宋代岭南生产美术陶的窑口，当时的陶塑已有后来名扬天下的“石湾公仔”艺术的端倪。广州西村窑遗址以皇帝岗为最大，是我国北宋年间重要的外销瓷产地，产品在我国西沙群岛及东南亚地区都有发现。

图1-2　佛山祖庙灵应祠三门瓦脊

明清两代，岭南陶瓷进入繁盛时期，石湾窑进入辉煌时代，成为岭南陶窑的代表。产品分为日用陶瓷、建筑陶瓷、艺术陶瓷、工业陶瓷四大类，生产的陶器品种有1000种以上，还出现陶脊[1]（图1-2、图1-3）、人物陶塑、动物陶塑（图1-4）、山公盆景等种类，题材丰富，名家辈出。当时“石湾之陶遍二广，旁及海外之国”，赢得了“石湾瓦，甲天下”的崇高声誉。石湾的南风古灶、高灶陶窑，始创于明正德年间，至今仍在继续使用。

图1-3　佛山祖庙灵应祠前庭陶脊看脊“哪吒闹东海”局部

颜色釉是石湾窑的一项重大成就。明清两代，石湾窑的颜色釉已达到高峰。石湾陶瓷艺术的雕塑造型方法，有贴塑、捏塑、捺塑和刀塑四种，“胎毛”是石湾特创的一种技法。

图1-4　佛山祖庙陶塑独角狮

[1] 装饰在屋脊上的各种人物、鸟兽、虫鱼、花卉、亭台楼阁陶塑的总称，是岭南传统建筑独有的屋脊形式。

明隆庆年间石湾陶瓷大量出口，远销三大区域——东南亚、阿拉伯半岛和非洲东部，名声在外。至今在东南亚各地以及香港、澳门庙宇寺院屋脊上，完整保留的石湾陶脊就有近百条。

除了石湾窑，岭南陶器还有潮州窑。潮州窑在潮州、潮安一带，始烧于唐代，宋代已著名，窑口众多，有“百窑村”之称，其中以潮州笔架山窑规模最大，产品多销往国外。明清时期有仿龙泉窑青釉冰裂器、带开片青花器、白釉泛黄小开片器等，其中以白釉器最多、最精。器型除日用品外，还有观音、佛像等美术瓷。

（4）以广式木雕为代表的岭南木雕

广式木雕（图1-5）起始于建筑物上硬木构件的雕饰，以红木雕刻为代表。红木雕刻以红木家具（俗称“酸枝家私”）为代表，常镶嵌螺钿或者大理石做装饰。

广式红木雕刻历史悠久。唐宋时期，东南亚的酸枝、花梨木等木材进口广州，广州的红木家具业开始发展。明代，广州与苏州、扬州同为中国的家具制造中心，红木家具生产形成行业。明中叶，广州家具在造型、装饰上已形成独特的风格。

清代，西式建筑风格及西式家具传入，对广式家具影响很大，促成其注重雕工、崇尚繁复豪华的风格。同治至清末，广州家具行业鼎盛，作坊达百余家，不但在出口贸易上占有明显优势，在家具的创新上也领先潮流。这一时期广式家具名工辈出，清宫内府设立“广作”，以区别于较多保留传统形式的“京作”和“苏作”家具。晚清，木雕店号“广佛三友堂”成为广派木雕的杰出代表，其雕工雄浑粗犷、生动流畅。咸丰初年，佛山木雕作坊多集中于承龙街（今高基街），工匠不下千人。

潮州木雕（图1-6）也是独树一帜的岭南木雕艺术。它是中国著名的民间木雕之一，明代就具有较高的水平。清代是潮州木雕的全盛时期，喜用金漆装饰。潮州木雕题材多为戏剧、珍禽瑞兽等，雕刻形式有浮雕、沉雕、圆雕和通雕四大类，以通雕最为精湛且最具特色。潮州木雕按装饰手法分主要有素雕、彩雕、髹漆贴金木雕三大类。

图1-5 广式木雕

图1-6 潮州木雕

（5）以佛山木版年画为代表的南方木版年画

南方木版年画主要产地有佛山和潮州两个地区。佛山木版年画与苏州桃花坞年画、天津杨柳青年画、潍坊杨家埠年画并称中国“四大年画”，始于明永乐年间，盛于清乾隆、嘉庆年间，清中叶后，畅行于中国华南地区及南洋各地。

佛山有百余家佛山年画画店，从业人员超过2000人，日产门神上万对，行销于华南各地和东南亚各国。佛山年画包括门画（俗称门神）、年画、神像画、神衣、纸马、安南画等，以戏曲故事、民间传说、瑞兽花鸟等为题材，广泛吸收佛山手工艺染色纸、剪纸、铜凿衬色纸料以及刺绣等艺术特色，采用木印（套印）、木印工笔、手绘等方式生产。其主要特点是线条遒劲、粗放洗练、构图饱满、色彩明快，用色主要为大红、橘红、黄、绿等色，并用金、银勾线，金碧辉煌，富有地方情调。

南方木版年画还包括潮州木版年画。潮州木版年画有潮州歌册和佛经插图，如佛像、神像和人物绣像等；有专供年节张贴的门笺、门神、灶君；有以潮州戏曲故事为题材的《陈三五娘》《白蛇传》等年画，以及装潢彩纸和送葬彩纸等，构图富有装饰性。

（6）岭南工艺

岭南工艺是岭南地区古越族以及汉、黎、苗、瑶、满、彝、壮、侗、畲等各族人民在历史长河里，充分利用本地自然环境和丰富资源，因材施艺创造发展起来的独特的民族艺术。与北方其他地域民族工艺之单纯粗犷、朴实稚拙相异，岭南工艺结构精巧、材质优越、细腻隽秀。

岭南的工艺品类异常繁多。从材质工艺来分，大致可分为雕刻、塑作、陶瓷、染织绣、编织、漆器、民间绘画、金属工艺、剪纸及其他工艺十大类。光是雕刻类，就有木、石、砖、骨、牙、角、竹、贝、椰、缅茄、玉、榄核、藤、瓜果等各种材质的雕刻。塑作类有泥、灰、陶、瓷、纸、漆、香粉等。陶瓷类有佛山石湾窑、潮州窑、广州西村窑、梅县水车窑等几十个民间陶窑产品。染织绣类有广绣、潮绣，黎、苗、瑶、畲、壮等少数民族的染织绣。编织类有藤、草、竹、葵等类。如以广彩为代表的岭南瓷器、以广绣为代表的粤绣、广州牙雕、广式玉雕、秋色工艺品、端砚、佛山铸造等，皆为岭南工艺的代表作。

1.2.5 充满地域色彩的岭南民俗文化

岭南远古先民是百越民族，民间风俗多百越遗风。古代岭南奉祀地方神的风俗很多。各种节庆民俗中，各种技艺异彩纷呈，如波罗诞、北帝诞等。

（1）波罗诞

“波罗诞”，即“南海神诞”。广东濒临南海，南海神庙所在的扶胥港是“海上丝绸之路”的古港，民间根据朝廷的封号，把南海神尊奉为“南海广利洪圣大王”，民间会在每年农历二月十一日至十三日的南海神诞期举行祭祀，狂欢数日。环境变迁，扶胥古港逐渐衰落，但民间的波罗诞赛会长盛不衰，清代的波罗诞“远近环集，楼船花艇，大舟小舸，连泊十余里”。民众“游波罗”祈福，四乡游神、龙狮起舞、水上庆会、大戏等民间百艺会演，文人雅集、商贸集市，可谓集岭南民俗风情之大成。赛会上最有地方民俗特色的是波罗鸡、波罗粽。

今天，波罗诞是广州地区最大规模的民俗活动，广州民俗文化艺术节与波罗诞结合，展示广州乃至岭南地区的各种民俗文化艺术，成为波罗诞的新风貌。

分布在珠江三角洲各地的洪圣庙，在南海神诞也有各具地方特色的民俗活动。

（2）佛山祖庙北帝诞

明清时期的佛山，是珠江三角洲最发达的工商业市镇，是我国著名的“天下四大镇”“四大聚”之一。佛山祖庙奉祀的北帝神，又名真武，历史悠久。

《广东新语》载：“吾粤多真武宫，以南海县佛山镇之祠为大，称曰祖庙。”佛山祖庙最隆重、最热闹的民俗活动，就是农历三月初三的北帝诞，史称“举镇数十万人，竞为醮会”，活动有设醮肃拜、北帝巡游、演戏酬神和烧大爆（点燃安放在华丽彩车上的一个大爆竹）等。其中北帝巡游是最肃穆、隆重的祀典，时间为一天一夜。

巡游时，北帝神的“行宫”端坐在神舆上，前有锣鼓、仪仗、彩旗幡伞、鸣锣开道，后有醒狮随尾，所到之处各街坊张灯结彩迎驾，瞻拜北帝。烧大爆活动在农历三月初四举行。

（3）其他节诞民俗

岭南还有很多特色节诞，如悦城龙母诞、高要春社、观音开库、均安关帝诞等；也有众多中国传统节日，如春节、端午、中秋、重阳等，伴随着如逛花街、舞龙狮、赛龙舟、出秋色等特色节庆活动；也有大量的特色礼仪习俗，如冠礼、婚嫁、添丁上灯、乞巧等。

（4）岭南食俗

岭南食俗务实，自奉甚厚。

岭南地区，蛇虫鼠蚁，动植飞潜，皆可入馔。处在珠三角最肥美心腹地带的广府辖下的十多个县食材最为丰富，且吸收了中外饮食文化精华，自成体系。

世有“食在广州”“厨出凤城”等美誉，粤菜是我国八大菜系之一，取材鲜活，讲究时令食材，不时不食；口味以清、鲜、爽、滑、嫩为主。广府人除了正餐的粤菜之外，还有早茶、腊味、月饼、糕点、老火汤、凉茶等食俗。

1.2.6 西方工业文明的深刻影响

自清代末年始，近百年来，岭南地区吸收了大量的西方工业文明，成为时代的先行者。

众多岭南地区的建筑，虽然总体形制仍然依从传统，但很多细部采用了西洋建筑样式；也有中西结合的建筑形制。细部则更多地加入了西方建筑元素，如罗马式拱形门窗、西式柱头、洋人雕刻等，还使用了国外出产的彩色玻璃、釉面砖等建材。

鸦片战争以后，在产业的革命中，岭南地区更是走在了时代的前沿，这里有中国的第一个民族资本的近代企业——继昌隆缫丝厂，第一家民族资本家办的火柴厂——广州火柴厂，中国建立最早的民族烟草企业——南洋兄弟烟草公司等。岭南新式缫丝工业的迅速发展，推动了整个中国蚕桑业的发展。

1.3 岭南建筑中的“祠庙同构”

岭南建筑中的“祠”与“庙”关系非常密切。祠堂建筑为宗族精神之寄托，庙宇建筑为宗教精神之寄托，其核心均为仪式空间与精神空间之统一。祠主要供奉族群的祖先，而庙则供奉族群信仰的神祇。祠、庙皆为族群最重要的公共建筑，它们的环境思想、营建逻辑、空间形制、材料形制、结构形制等均非常一致。体现祠与庙区别的部分在于色彩形制、装饰形制等。

在岭南的祠庙建筑中，还有大量互相包容、融合的建筑，使得祠与庙的关系更加难解难分。例如先贤祠和民间信仰的神庙，既有奉祀先人的祠堂的特点，亦有奉祀神化偶像的庙宇的特点，例如广东江门陈白沙祠（图1-7）、广西贺州富川福溪村的马殷[1]庙（图1-8）和马楚大王庙（图1-9）等。还有更多包含其他功能的祠庙建筑，如学宫、文庙、会馆等，里面既有求学、科考、经商聚会、节庆活动等功能，同时也具备祭祀文昌帝君、行业神等神祇和精神场所的功能。

[1] 马殷（852—930）即马楚大王，字霸图，许州鄢陵（今河南省鄢陵县）人，一说上蔡人（《三楚新录》）。汉代名将马援之后，五代十国时期楚国的开国君王，马姓第一位帝王。896年，马殷被推为主，唐皇任其为潭州刺史，据湖南及桂东北的谢沐、冯乘、富川诸县。907年，后梁封马殷为楚王。南汉刘岩元年（911），马殷撤谢沐、冯乘二县划入富川，升格富川县为富州。后唐天成二年（927），后唐封马殷为楚国王，马殷正式建立楚国，部长沙，尊礼中原王朝，休兵息民，使湖南楚国成为富庶殷实之地，使谢沐、冯乘、富川三县同属贺州。时年匪盗为患，楚王马殷亲临谢沐关御驾亲征，督促马彬将军亲率冯乘、富川、谢沐关等地军民除匪平乱，受后人敬仰拥戴。“先立生祠，后马楚卒，乡民遂建庙宇祭祀之……”之后历代将其庙宇扩建翻修，供奉祭祀，沿袭至今。

图1-7　江门陈白沙祠

图1-8　广西贺州富川福溪村马殷庙

图1-9　广西贺州富川福溪村马楚大王庙

祠庙建筑不仅在思想、文化和民俗角度是岭南文化的重要代表，其在物质、技术和艺术角度亦代表了岭南传统建筑的最高水平，其环境思想、营造理念、建构逻辑、形制空间、装饰工艺等方面均为岭南建筑的杰出代表。很多祠庙建筑因而闻名遐迩，影响巨大。

2 岭南祠庙撷英

岭南有众多重要的祠庙建筑，地位举足轻重。岭南的三大古庙包括佛山祖庙、三水胥江祖庙、德庆龙母祖庙，其他各种信俗的庙宇不计其数，民间宗族祠堂更是不可胜数，精彩绝伦者不胜枚举。本书撷取数个有个性特色的案例加以详解，它们不一定是最好的，但一定是在某些方面独步岭南的祠庙精粹。

2.1 佛山祖庙（佛山市禅城区，明洪武五年·1372）

佛山祖庙（图2-1）、德庆龙母祖庙和胥江祖庙，并称广东省最有影响的三大古庙，而佛山祖庙号称“岭南诸庙之首”。

佛山祖庙原名北帝庙，始建于北宋元丰年间（1078—1085），“以历岁久远，且为诸庙首”，所以称为祖庙。元末毁于兵燹，明洪武五年（1372）重建。景泰年间，黄萧养农民起义军进攻佛山失败后，明王朝敕封该庙为“灵应祠”。正如庙门对联所示，祖庙在佛山历史上曾集神权、族权、政权于一体，地位尊崇。

祖庙自明初重建后，历经20多次重修扩建，成为一座结构严谨、雄伟壮观、颇具地方特色的庙宇建筑，清光绪二十五年（1899）大修，保存完好至今。整体规模宏大，布局紧凑，错落有致，很多结构做法独树一帜，不拘一格，遗留大量不同时代的特点，装饰华丽，不愧为岭南诸庙之首。

佛山祖庙主体建筑面积3600平方米，是明洪武五年以后400多年间逐渐扩建而成的。沿南北纵轴线排列，由南至北依次为万福台（戏台）、灵应牌坊、锦香池、钟鼓楼、三门、灵应祠中殿、灵应祠后殿和庆真楼。崇正社学、灵应祠、忠义流芳祠三座建筑物的正门联建在一起，称为祖庙“三门”。中路三大殿堂正脊❶均为陶塑人物瓦脊❷，上有统一造型的鳌鱼、宝珠，鳌鱼造型独特，垂脊为陶塑花脊，上有多个陶塑走兽脊饰。两侧衬祠为陶塑花脊，脊端有鳌鱼。所有殿堂皆有通长漆金木雕封檐板，三雕两塑丰富多样。檐柱均为束腰柱础小方柱。

建筑群外围有围墙，围墙东西面在锦香池与三门之间设两门，东为“崇敬门”，西为“端肃门”，为圆拱门，是灵应祠的主入口。从两门进入后以锦香池为中心，池南为灵应牌坊、万福台，池北为殿堂建筑（详见图2-2～图2-7）。

❶ 位于屋顶最高处，前后两坡瓦面相交处的屋脊，具有防止雨水渗透和装饰功能。一般由盖脊筒瓦、正通脊、群色条、压当条、正当沟和正吻组成。

❷ 即陶脊。装饰在屋脊上的各种人物、动物、植物、亭台楼阁陶塑的总称，是岭南传统建筑独有的屋脊形式。

图2-1　凤形龙势灵应祠（作者：郭映雪）

图2-2　佛山祖庙鸟瞰

图片来源：佛山市祖庙博物馆提供

图2-3　佛山祖庙航拍总平面

图片来源：佛山市祖庙博物馆提供

图2-4　佛山祖庙总平面图（朱冰冰、郭映雪绘）

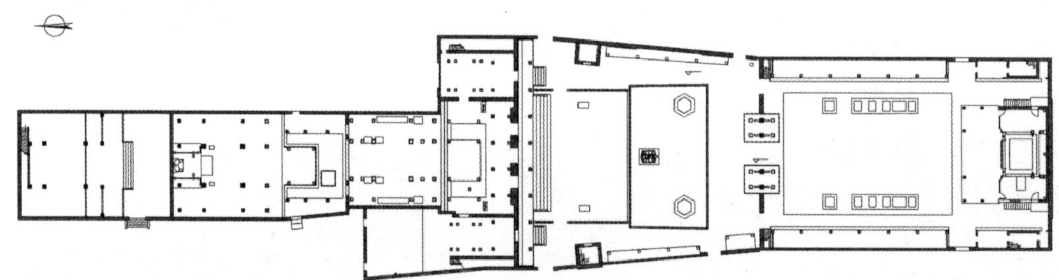

图2-5　佛山祖庙平面图

图片来源：佛山市祖庙博物馆提供

图2-6　佛山祖庙侧立面图

图片来源：佛山市祖庙博物馆提供

图2-7 佛山祖庙中轴剖面图

图片来源：佛山市祖庙博物馆提供

❖ 万福台（清顺治十五年·1658）

万福台为戏台，建于清顺治十五年（1658），初名华丰台，光绪时期慈禧寿辰改名为万福台，是广东省内仅存完好的古戏台之一。佛山乃粤剧之乡，戏班首演必选万福台，相沿成习，如今世界各地粤剧团体都将万福台视为粤剧之源。

万福台坐南朝北，面向灵应牌坊和灵应祠。建筑在高2.07米的高台上，面阔[1]三间12.73米，进深11.78米，台面至檐前高度为6.25米，卷棚歇山顶[2]。檐柱均为圆木柱，花篮柱础，心间与次间纵架[3]均有纤细木直梁，以漆金精美雀替支承。万福台瓜柱梁架[4]结构，瓜柱形态瘦高，为穿式瓜柱梁架。

图2-8 但到年年天贶节，万人围住看琼花（作者：董方琪）

图2-9 万福台

舞台中部以漆金木雕隔板分隔前台、后台，隔板左右开“出将”（东）、“入相”（西）两门，供演员等出入。隔板心间上部龛状。前台三面敞开，明间演戏，次间为乐池（图2-8、图2-9）。

[1] 面阔（通面阔）：一间的宽度，即建筑物纵向相邻两檐柱中心线间的距离。整个建筑物各间面阔的总和，即前面或背面两角柱中心线间的距离称通面阔，有时亦简称面阔。

[2] 歇山是庑殿和悬山相交而成的屋顶结构。把一个悬山顶套在庑殿上，使悬山的三角形垂直的山，与庑殿山坡的下半部结合，就是歇山顶。它有一条正脊、四条垂脊、四条戗脊，所以又叫九脊殿。卷棚歇山顶是卷棚顶与歇山顶结合的形式。

[3] 与正立面平行，与山墙垂直的梁架，称为纵架，纵架主要起拉结作用。

[4] 瓜柱梁架是指主要由瓜柱和梁组成的梁架形式。

台前空地开阔，青石铺地，东西有二层廊庑，卷棚顶，为观众雅座。空地上原有一亭，民国初年被骤风摧毁。

❖ 灵应牌坊（明景泰二年·1451）

灵应牌坊（图2-10）为明景泰二年（1451）敕封祖庙为“灵应祠”时所建，曾是祖庙轴线上的第一座建筑物。清代以前，牌坊前为空地，进入祖庙，先经牌坊。灵应牌坊造型优美，比例得体，是岭南牌坊的代表作。

图2-10 圣域灵应（作者：郭映雪）

牌坊南北向，三间三楼木石结构，明间重檐[1]庑殿顶，次间歇山顶，绿琉璃瓦，陶塑瓦脊，正脊饰一对鳌鱼，垂脊端头饰岭南独角狮和龙纹。面阔三间10.79米，进深两间4.9米，通高11.4米，十二柱。设计考究，结构精密。明间面阔5米，次间面阔2.1米。明间上层正中南向悬“谕祭”竖匾，北向悬“圣旨”竖匾；下层木门额南向书“圣域”，北向书“灵应”，均为明代景泰皇帝所赐。次间有高大台基，宽4.9米，深3.8 米，高0.75米。每边台基上立六柱，进深两间，中间两根金柱[2]为圆木柱，花篮形柱础，南北面皆有高大鼓形夹杆石[3]相夹。外周四根檐柱为切角方柱，束腰方础，木梁架与斗栱施红釉。三层檐下均施斗栱，斗栱为七铺作无下昂偷心造。上层檐下四攒斗栱，中层檐下五攒斗栱，下层左右檐下各三攒斗栱。飞檐叠翠，白柱红斗栱，华丽壮观。

图2-11 灵应牌坊南面

灵应牌坊东西两侧各有一砖砌牌坊式拱门，三门连成一体，东门额上书“长春”，西门额上书“延秋”（图2-11～图2-13）。

❶ 屋顶出檐两层。常见于庑殿、歇山、攒尖屋顶上，以示尊贵。

❷ 在檐柱以内的柱子，除了处在建筑物纵中线上的，都叫金柱。

❸ 俗称旗杆石。旗杆或木牌楼柱根部的围护石。由相同的两块旗杆石合成一对，也有整块雕制，中间插入木质旗杆或牌楼柱。（《中国土木建筑百科辞典·工程材料：上》）

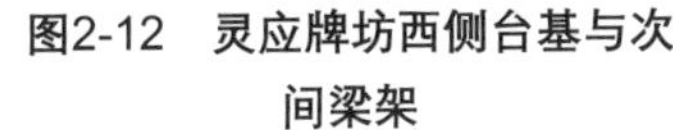

图2-12　灵应牌坊西侧台基与次间梁架

图2-13　灵应牌坊北面与锦香池（范俊杰摄）

❖ 锦香池（明正德八年·1513）、钟楼、鼓楼

锦香池（图2-14）位于灵应牌坊与三门之间，开凿于明正德八年（1513），原为土池。天启三年（1623），曾把炒铁和工匠拆毁的照壁石头，在池中砌石桥一座，后拆毁。清雍正年间改建为石池，并加雕栏，故今所见雕栏石质及雕刻风格形式不一。池东西长20多米，南北宽11米。如图2-15所示，池中有龟蛇（玄武，象征北帝）石像，为民国年间重雕，原物现放置于别处。

图2-14　玄武贺岁（作者：邱泽智）

锦香池两侧是钟楼（东）、鼓楼（西）。钟、鼓楼形制一致，两层，卷棚歇山顶，灰塑脊饰，下层砖结构，上层开敞，圆木柱插栱挑檐（图2-16）。

图2-15　锦香池（范俊杰摄）

图2-16　佛山祖庙鼓楼（西）与石狮（范俊杰摄）

图2-17　佛山祖庙三门前石狮

❖ 三门（明正德八年·1513）

崇正社学、灵应祠、忠义流芳祠三座建筑物的正门联建在一起，称为祖庙“三门”。崇正社学在灵应祠东侧，建于明洪武八年（1375）；忠义流芳祠在灵应祠西侧，建于明正德八年（1513）。三门通面阔31.7米，九开间，硬山顶。上有三门瓦脊，高1.78米，31.7米长，为佛山石湾窑人物陶脊[1]代表作，脊上置高大的鳌鱼、宝珠。檐下有通长漆金木雕封檐板[2]。三门前有一对高大石狮，造型生动（图2-17）。

前檐是花岗石抹角小方檐柱，束腰柱础，檐柱出两跳平行于檐檩[3]方向的插栱，外挑装饰性木梁头。花岗石墙基，红砂岩[4]门面，心间与次间并排三个进深[5]1米的圆拱门洞，漆金木门。左右梢间开门，东门进入崇正社学，西门进入忠义流芳祠。三门前有三个阶梯，心间和次间之前有宽广石阶，五级高1.17米，梢间两门前也各有一石阶。心间对联：“凤形涌出三尊地，龙势生成一洞天。”

梁架结构以墙分隔，前为双步架，后为三步架。前后共用石檐柱16根，木柱4根，双步架驼峰[6]斗栱梁架，贴以金箔，金碧辉煌。后檐瓜柱[7]梁架结构，瓜柱形态瘦高，为穿式瓜柱梁架。

东、西两端廊庑连接东、西出入口及钟、鼓楼（图2-18～图2-23）。

---

❶ 又称“陶脊”或“花脊”，是以人物、鸟兽、虫鱼、花卉、亭台楼阁装饰的屋脊形式，材料是分段烧制的陶瓷。

❷ 封檐板即檐板，又称檐口板、遮檐板、连檐。设置在坡屋顶挑檐外边缘上瓦下、封闭檐口的通长木板。一般用钉子固定在椽头或挑檐木端头，南方古建筑则钉在飞檐椽端头，用来遮挡挑檐的内部构件不受雨水浸蚀和增加建筑美观。

❸ 檩是架于梁头与梁头间，或柱头科与柱头科之间的圆形横材，其上承架椽木。

❹ 红砂岩是明中晚期建筑中受青睐的一种石材。红砂岩呈红色或褐红色，有较易风化、崩解等缺点。

❺ 间的深度，即建筑物横向相邻两柱（梁、承重墙）中心线间的距离。各间进深的总和，即前后角柱中心线间的距离称通进深，有时亦简称进深。

❻ 起支承、垫托作用的木墩，类似清式之柁墩。因做成骆驼背形，故称驼峰。它一般是在彻上明造构架中配合斗栱承托梁栿，能适当地将结点的荷载匀布于梁上。

❼ 两层梁架之间或梁檩之间的短柱，其高度超过其直径的，叫作瓜柱。瓜柱最早见于汉画像砖上。宋时瓜柱叫作侏儒柱或蜀柱，取其短小的意思。明以后始称瓜柱。

图2-18　佛山祖庙三门航拍

图2-19　佛山祖庙三门

图2-21　佛山祖庙三门小方石柱

图2-20　佛山祖庙三门瓦脊

图2-22　灵应祠三门插栱

图2-23　灵应祠三门后檐瓜柱梁架

❖ 拜亭、崇正社学（明洪武八年·1375）、忠义流芳祠（明正德八年·1513）

前殿与三门以拜亭[1]连接，拜亭是后建的，卷棚歇山顶，面阔5.28米，进深4.73米，屋顶叠盖于三门与中殿屋顶檐口之上。四根海棠角方石檐柱，柱身下部仿梭柱[2]形式有收分，花篮形柱础，博古梁架，插栱亦做成博古形态。拜亭下置有佛山镇铸造的巨大铜鼎，显示出佛山作为明清中国铸造重镇的威仪（图2-24～图2-27）。

图2-24　灵应祠中殿前拜亭空间

图2-25　灵应祠中殿前拜亭博古纹插栱

图2-26　灵应祠多样的柱础

图2-27　灵应祠中殿前拜亭空间与铜鼎

❶ 广东大型传统礼制建筑中轴线上的构筑物，有礼仪作用。通常位于中堂前，增强了建筑的序列感，并拓展了中堂的使用空间，且能遮风避雨。有的做成重檐形式，突出于群体建筑之中。

❷ 上部形状如梭，或中间大两端小外观呈梭形的圆柱。

拜亭东侧为崇正社学，西侧为忠义流芳祠，中以两厢廊庑分隔，廊庑上有著名的石湾窑陶塑人物瓦脊“郭子仪祝寿”（东廊）和“哪吒闹东海”（西廊），均上有文字“光绪廿五年”“石湾均玉造”。看脊[1]高度适宜，和拜亭中有一段天井空间，采光适宜，突出了两段重要陶塑看脊的艺术性（图2-28）。

崇正社学是灵应祠东侧的附属建筑，又称文昌宫，建于明洪武八年（1375）；忠义流芳祠是灵应祠西侧的附属建筑，建于明正德八年（1513），祭祀因镇压黄萧养起义而受朝廷敕封的“忠义官”而得名。两配殿形制相同，面阔三间，进深三间，两层开敞式，下层柱子全部为小方石柱，上层全部为圆木柱，下层外侧山墙与檐柱共同承重，东、西外侧有楼梯，重檐歇山顶，正脊陶塑花脊，两端有一对鳌鱼，灰塑垂脊（图2-29）。

图2-28　灵应祠拜亭东廊看脊

图2-29　忠义流芳祠

❖ 灵应祠中殿（明宣德四年·1429）

中殿建于明宣德四年（1429）。面阔三间13.34米，进深五间十七架15.87米，进深大于面阔，中跨七架，总高4.3米。歇山顶，屋坡曲线基本沿用宋法，光绪重修时添加人物陶脊，正脊上饰鳌鱼、宝珠，垂脊上饰多个脊兽。

中部驼峰斗栱梁架，前檐大式斗栱梁架，后檐和次间瓜柱梁架，瓜柱瘦长，为穿式瓜柱。石檐柱8根，檐下用如意斗栱；金柱12根，柱头有仿栌斗刻线。檐柱外加山墙。殿内梁栿[2]均为月梁，部分施托脚，前檐木纵架，木梁上如意斗栱，明间[3]平身科[4]三攒，次间一攒，层层相叠、雄伟壮观（图2-30）。除脊檩为圆檩外，其余檩条均为方檩[5]，脊檩下有纪年：“大清咸丰元年岁次辛亥孟秋吉日阖镇缘首等重建”。殿内梁柱交接、柱檩交接灵活多变，部分金柱柱头以插栱承梁（图2-31）。

---

❶ 看脊是建筑物两边厢房或者走廊上的脊带，一般只有站在庭院内才看得见，并只见其一面。

❷ 栿，音fú，梁。

❸ 即当心间。建筑物居中的那一间。

❹ 清式建筑中对每攒斗栱常用“科”来称呼。两柱头科之间，置于额枋及平板枋上的斗栱，叫平身科。

❺ 方形的檩条，为明代和清代早期广府建筑做法，后转变为圆形。

图2-30　灵应祠中殿纵架如意斗栱

图2-31　灵应祠中殿脊檩和方檩

图2-32　灵应祠中殿室内梁架

中殿进深大于面阔，比较幽暗，在通道两侧塑造了四列金刚立像，造像身体前倾，神态栩栩如生。地面铺砌尺寸不一的长方形花岗石，接缝紧密，传说石下缝隙灌铅填塞（图2-32）。

❖ 灵应祠后殿（明洪武五年·1372）

后殿建于明洪武五年（1372），是祖庙最早的、最重要的建筑物。

后殿面阔三间14.34米，进深三间15.87米，进深大于面阔，高13.2米。歇山顶（图2-33），屋面梁架举折平缓，屋坡曲线按宋法式营造，出檐深远潇洒。清光绪年间重修时加人物陶脊，正脊上有鳌鱼、宝珠，垂脊走兽8个。前檐大式斗栱梁架，后跨插栱襻间斗栱梁架，中为小式瓜柱梁架。中跨七架梁，

图2-33　灵应祠后殿歇山顶

并用叉手[1]、托脚[2]、雀替[3]。

东、西、北三面围墙建于檐柱外，南面敞开。柱共16根，其中前檐10根为大方石柱，余为圆木柱。柱有生起，柱上有收分，下有卷杀[4]。除脊檩为圆檩外，其余檩条均为方檩。前檐下大量施用斗栱（图2-34），出檐深远。明间平身科二攒，次间一攒，其余三面不用斗栱。斗栱双杪[5]偷心[6]三下昂[7]八铺作[8]，有侧昂，为岭南地区极其复杂的斗栱之一。最突出的是前面三下昂，后面三撑杆，是我国目前少见的宋式斗栱实例。佛山祖庙大殿用飞昂（真昂[9]），是岭南地区用飞昂（真昂）仅有的三个建筑[10]之一。前檐斗栱和昂出挑深远潇洒，甚至出挑至两侧山墙以外，构造非常特别（图2-35）。

图2-34　灵应祠后殿前檐斗栱

图2-35　灵应祠后殿山墙与斗栱独有做法

心间中部三跨驼峰斗栱梁架，前檐大式斗栱梁架，后檐和次间瓜柱梁架，瓜柱瘦长，为穿式瓜柱，后檐外加围护外墙，两跳插栱穿过后墙承挑檐檩[11]。石檐柱8根，檐下用如意斗

---

1. 宋式名称。从抬梁式构架最上一层短梁，到脊槫间斜置的木件，叫叉手，又叫斜柱。其功用主要用于扶持脊槫的斜撑。到了明清，叉手被取代而消失。
2. 托脚为宋式大木构件。尾端支于下层梁栿之头，顶端承托上一层槫（檩）的斜置木撑。有撑扶、稳定檩架，使其免于侧向移动的作用。在岭南地区又名“水束”。
3. 清式名称。雀替，在宋《营造法式》中叫绰幕，是用于梁或阑额与柱的交接处的木构件，功用是增加梁头抗剪能力或减少梁枋的跨距。雀是绰幕的绰字，至清代讹转为雀；替则是替木的意思，雀替很可能是由替木演变而来。
4. 卷杀是对木构件轮廓的一种艺术加工形式，如栱两头削成的曲线形，柱子做成梭柱、梁做成月梁等，都是用卷杀办法做成的。
5. 杪，音miǎo，原为树梢的意思。宋《营造法式》所称华栱亦名杪栱，华栱的出跳又叫出杪；意为华栱头犹如树之梢。双杪，即华栱两跳之意。
6. 宋式斗栱的一种做法，即在一朵斗栱中，只有出跳的栱、昂，跳头上不安横栱，谓之偷心造。
7. 昂，斗栱的构件之一，又名下昂、飞昂。它位于前后中线，向前后纵向伸出贯通斗栱的里外跳且前端加长，并有尖斜向下垂，昂尾则向上伸至屋内。功能同华栱，起传跳作用。一般称昂即指下昂，叫下昂是对上昂而言。“飞昂”一词，早见于三国时期的文学作品中，因其形若飞鸟而得名。
8. 宋式建筑中对每朵斗栱的称呼，如“柱头铺作”“补间铺作”等。铺作一词的由来是指斗栱由层层木料铺叠而成。《营造法式》中所谓“出一跳谓之四铺作……出五跳谓之八铺作”等，就是自栌斗算起，每铺加一层构件，算是一铺作，同时栌斗、耍头、衬枋都要算一铺作。
9. 相对于“假昂”而言。
10. 西江沿岸年代较早的肇庆梅庵大殿、德庆学宫大殿和佛山祖庙大殿。
11. 挑出于檐柱斗栱外侧的檩，叫挑檐檩。又叫“挑檐桁”。（《中国古代建筑辞典》）

栱；金柱12根，柱头有仿栌斗刻线。檐柱两外侧加山墙，每边山墙上部开两小窗。殿内梁栿均为月梁，驼峰、斗栱硕大，中跨施"S"形叉手、托脚。除脊檩为圆檩外，其余檩条均为方檩，脊檩下有纪年。殿内梁柱交接、柱檩交接灵活多变，部分金柱柱头以插栱承梁。

后殿进深大于面阔，围墙用陶制漏窗，殿前还有供桌和神像遮挡，殿内显得特别阴暗神秘（图2-36 ~ 图2-39）。后跨心间有高台，后檐柱立于高台之上。佛山为明清铸造重镇，高台上供奉着铸于明代的2.5吨重的北帝铜像。

图2-36　灵应祠后殿脊檩、方檩、梁架、山墙上天窗

图2-37　灵应祠后殿梁架

图2-38　灵应祠后殿内部

图2-39　灵应祠后殿北帝铜像供奉处

后殿前庭院比中殿前庭院进深大，更加开阳，亦有拜亭，形制与前一进拜亭相似，中置一佛山镇铸造的铜鼎（图2-40）。两进拜亭均为清代重修时加建的。

❖ 庆真楼（清嘉庆元年·1796）

庆真楼（图2-41）是祖庙建筑群中兴建最晚的建筑物，建于清嘉庆元年（1796）。楼高二层，面阔三间，进深三间，硬山顶，镬耳山墙[1]，正脊陶塑人物瓦脊，上有双龙戏

[1] 镬耳山墙（金式山墙）使用范围广、造型独特优美，成为广府建筑的一个重要特征。镬耳山墙因似"镬"（粤语称"锅"）的两耳形状而得名。

珠，垂脊灰塑博古脊[1]。檐柱为大方石柱。前有廊，檐下有漆金封檐板。二层山墙前檐部位开小窗，后檐部分开枪眼。1975年维修时，将木楼面改为钢筋混凝土结构，楼梯也从次间改到心间，外观则维持原貌。

庆真楼前廊和台阶栏板上的石雕与台阶旁望柱上的小石狮，都是石雕精品。

图2-40 灵应祠后殿前拜亭空间

图2-41 庆真楼

❖ 三雕两塑

佛山祖庙的三雕两塑尤为著名，被称为岭南工艺博物馆。

佛山祖庙的陶塑，特别是陶脊（瓦脊），充分展现了佛山石湾陶都的风采。灵应祠的瓦脊共有六条，分别装置在三门、前殿两廊、中殿、后殿和庆真楼等建筑的屋脊上，以三门瓦脊（清光绪乙亥年·1875，图2-42）和看脊“哪吒闹东海”（清光绪廿五年·1899，图2-43）、“郭子仪祝寿”（清光绪廿五年·1899）为代表作。规模最大的三门瓦脊，由“文如璧”[2]店制作，高1.78米，长31.7米，正反两面均有戏曲故事，塑造人物150多个，可谓瓦脊之王。人物的面部、手部均露胎不施釉，更生动地表现人物的神态表情和手部造型。釉色以绿、蓝、酱黄、白色为主，古朴典雅。灵应祠瓦脊历经百年风雨，其釉色仍光亮如新，可见其精良的制造工艺。

图2-42 灵应祠三门瓦脊与宝珠局部

[1] 博古脊是平脊身中间以灰塑图案为主、脊两端成几何图案化的抽象夔龙纹饰的屋脊，因其类似于博古纹，民间又称其为博古脊。博古脊一般以灰塑塑造，正脊一般由脊额、脊眼、脊耳三个部分组成。

[2] “文如璧”为石湾窑著名店号。文如璧为清代康熙年间陶瓷名家，顺德人，属花盆行，其子孙沿用此号至清末，“文如璧”可认为是石湾陶脊的第一家，对石湾陶瓷的开拓发展有相当的建树。其作品遍布岭南重要建筑，佛山祖庙灵应祠的三门瓦脊、陈家祠首进和中路建筑正脊、胥江祖庙的前殿和中路建筑正脊、佛山关帝庙前照壁正脊等均为文如璧所造。两广地区和东南亚各地许多古建筑的陶脊，也是文如璧店制造的。

图2-43 灵应祠西廊陶塑看脊“哪吒闹东海”

木雕形式多样，内容丰富，尤以万福台舞台的隔板最为辉煌。万福台木雕共六组，均装置于分隔前后台的隔板上，三组在上，三组在下，内容分别为八仙故事、三星拱照、降龙伏虎、大宴铜雀台等，全部木雕均漆金，雕工豪放、刻画传神（图2-44）。灵应祠所有殿堂均有漆金封檐板、精美木雕梁架和小木作等（图2-45）。

砖雕以设置于钟楼和鼓楼北侧的两套砖雕壁画为代表，为光绪二十五年（1899）郭连川、郭道生合作的雕刻作品，高1.8米，宽2.6米。端肃门（鼓楼一侧）上有砖雕“海瑞大红袍”（图2-46），崇敬门（钟楼一侧）上有“牛皋守房州”。砖雕刻法细腻，层次丰富，立体感强，多用圆雕、透雕、浮雕等工艺技法。

图2-44 万福台隔板木雕

图2-45 灵应祠三门心间檐板

图2-46 佛山祖庙端肃门（鼓楼一侧）砖雕“海瑞大红袍”

石雕包括灵应牌坊护脚石和庆真楼前廊栏板上的石雕等（图2-47、图2-48）。

灰塑遍布殿堂楼宇的墙壁和脊饰上，重要灰塑有“唐明皇游月宫”“桃园结义”“三英战吕布”“刘伶醉酒”等题材作品。佛山祖庙的灰塑造型生动，色彩绚丽（图2-49）。

图2-47　灵应牌坊护脚石

图2-49　佛山祖庙灰塑

图2-48　庆真楼前廊栏板石雕

后殿内的北帝铜像，铸于明景泰三年（1452），重达2.5吨，还有灵应祠两个拜亭内的巨大铜鼎等，都反映了佛山铸造业高超的工艺水平。

2.2 胥江祖庙（芦苞祖庙）（佛山三水芦苞镇，清嘉庆十三年至光绪十四年·1808—1888）

胥江即现在的芦苞涌，胥江祖庙（图2-50、图2-51）又称芦苞祖庙和真武庙。胥江祖庙在三水区芦苞镇东北郊龙坡山（又名华山）麓，面临北江，始建于南宋嘉定年间（1208—1224）[1]，历经元、明、清各代多次修葺、重建，特别是清嘉庆十三年（1808）和光绪十四年（1888）的重修，使之成为一座艺术殿堂。据程建军教授在《三水胥江祖庙》一书中的观点，现存的武当行宫为清光绪十四年（1888）年重建，但保留了嘉庆十三年（1808）的部分构件，普陀行宫于嘉庆十三年至十四年（1808、1809）和光绪十四年（1888）重修，较多保留了咸丰二年（1852）及咸丰三年（1853）的主体构架。自光绪后，胥江祖庙多年失修，庙前牌坊、照壁、庙侧“景福戏台”等已毁，原庙内神龛、神像及一应祭祀器具亦已无存[2]。现存最早的遗物有元明的石狮子与柱础遗构等。1982年起修复，1985年重建文昌庙。整体布局紧凑，空间清幽，装饰古朴华丽，为岭南祠庙之精粹。

胥江祖庙（图2-52～图2-54）最大的特色是集儒、释、道三教于一体。其坐东南向西北，北依华山寺，主体由三路并列的庙宇组成，包括北座普陀行宫、中座（主体）武当行宫以及清嘉庆年间加筑并于1985年重建的南座文昌宫。

庙前西北面庙道有“青云直步”牌坊，南北有门楼，南门楼题“瞻云”，北门楼题“就日”。

三庙均为三间两进布局，占地面积965平方米，各庙之间有青云巷相通，左巷题“奎光”，右巷题“斗曜”。三路建筑呈清代风格，各殿堂均为硬山顶，五岳山墙（方耳山墙、土式山墙），山墙上部满布人物、动物、吉祥纹案灰塑，极具特色。屋面绿琉璃瓦滴水剪边。三雕两塑一画瑰丽无比。

胥江祖庙还藏有石碑数通。其中《重修华山寺复建地藏殿记》刻于清乾隆五十六年（1791），为华山寺地藏殿的变迁过程及当时的风俗民情提供了详尽的资料。

---

[1] 一说为南宋嘉定四年（1211）。

[2] 据历史记载，清康熙九年（1670）及清乾隆五年（1740）先后两次发生大火；民国十二年（1923）粤军余汉谋部推倒北帝像，取去金胆银心，将北帝像投置青江河畔；民国三十二年（1943）日军侵占芦苞，原“百步梯”等景点尽遭破坏；民国三十六年（1947）洪水决堤，庙前照壁及门楼全部冲毁；1952年，当地干部把文昌庙拆毁；1966年破坏几尽。

图2-50　静泊（作者：陈文滨）

图2-51　玉虚金阙（作者：陈文滨）

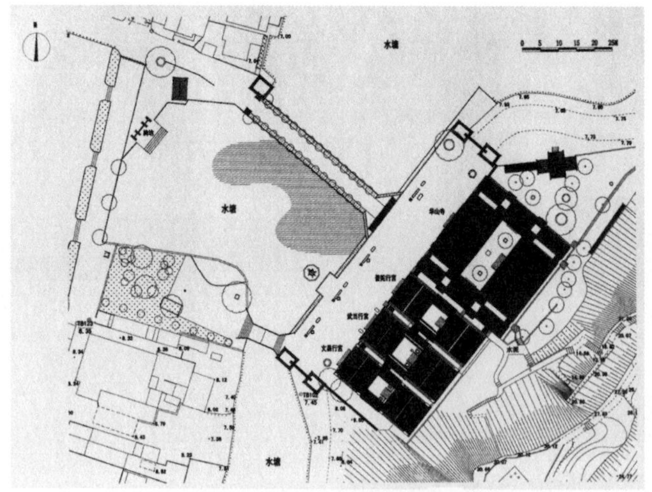

图2-52　胥江祖庙总平面图

图片来源：摘自《三水胥江祖庙》

图2-53　胥江祖庙

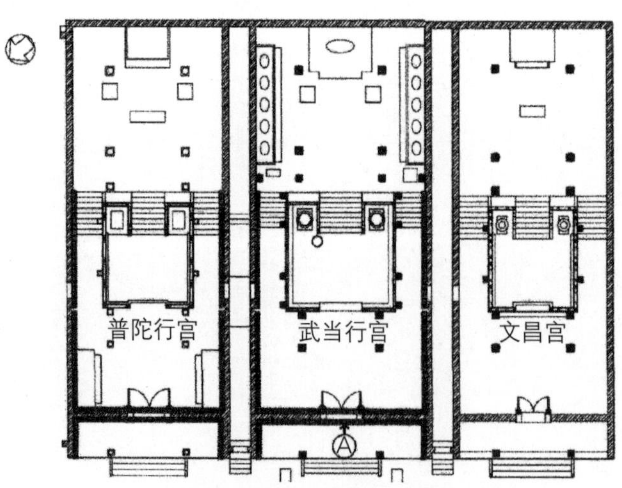

图2-54　胥江祖庙平面图

图片来源：摘自《三水胥江祖庙》

❖ 武当行宫（清光绪十四年·1888）

三路建筑中，武当行宫居中，面阔最大，建筑面积也最大，面阔三间11.6米，通进深26.5米，建筑面积约为307.9平方米。

门殿（图2-55）前有石狮一对，明末清初石雕，连须弥座总高2米，其中一个在清代修葺殿宇时跌碎，现存为补制品（图2-56）。

图2-55　灵兽（作者：陈文滨）

图2-56　胥江祖庙武当行宫门堂前石狮

门殿进深三间十三架，不挑檐，檐部驼峰斗栱梁架，中跨瓜柱梁架，脊檩上有记载："大清光绪戊子孟夏吉旦重建"。正脊上完整保留了清代的陶脊，为文如璧的艺术珍品，光绪戊子年（1888）重修时塑，上塑双龙争珠，两边有鳌鱼，有"光绪戊子""文如璧造"文字。陶脊下还有灰塑博古脊，中间脊额为戏剧人物场景，两边有五伦全图，留有作者名。门殿次间石虾弓梁[1]石金花狮子，虾弓梁满雕。前檐漆金木雕梁架，一面为"瓦岗寨"故事，一面为"西辽国"故事，并有"广州时泰造"字样，为光绪十四年（1888）所制。前檐封檐板木雕为精品，大门上悬"武当行宫"楠木镂花竖匾。原砖雕墀头[2]损毁严重。前檐石檐柱为典型的小方柱，柱身纤细，柱角凹槽带竹节纹，束腰明显，线脚装饰华丽，柱身上刻对联："五马环回玉境水通圣井水，三峰鼎峙龙坡山接武当山。"后檐

❶ 广府特色的石阑额，其截面为矩形，线脚棱角分明。梁两端向下中间平直如虾弓着背，梁肩呈"S"形，梁底起拱但不用剥鳃。

❷ 硬山山墙如果要出檐，山墙的前后都要伸出檐柱之外。硬山山墙两端檐柱以外部分叫墀头。墀头是祠庙建筑正立面重点装饰部位之一，是砖雕工艺的主要表现之一。

柱为大方石柱。大门旁木刻对联转录苏东坡作品："逞披发仗剑威风，仙佛焉耳矣；有降龙伏虎手段，龟蛇云乎哉。"几案形门枕石，以圆雕手法雕刻，门框线脚装饰精美生动（图2-57、图2-58）。

院落中靠近大殿石阶北部有一古井，石井栏上刻"金沙圣井"，石柱上有联曰："肆水钟灵，金沙浩瀚流金阙；众星环拱，玉镜玲珑照玉虚。"相传金沙圣井曾作为贡品，冬暖夏凉，久存不腐。

院落两厢廊庑看脊饰有长6米的人物陶塑、灰雕，题材有陶塑"聚义梁山泊"，灰雕"郭子仪祝寿""三英战吕布""韩熙载夜宴图"等，保留了部分残件，余为今人重造。两厢廊庑檐柱为海棠角小方柱。

图2-57　胥江祖庙武当行宫门殿

图2-58　胥江祖庙武当行宫门枕石与门框线脚

正殿进深三间十三架，屋脊上还保留部分清咸丰二年（1852）的石湾陶脊，为现存建筑上最早的石湾陶脊。正殿开敞，前檐大式斗栱梁架，中后跨瓜柱梁架（图2-59）。前檐石檐柱上置12攒如意斗栱（莲花托），檐柱刻对联："阳马纳乾光，仙掌远分元岳秀；灵螭盘坎水，众星环拱帝辰尊。"金柱上悬"天枢星拱"巨匾，为咸丰年间顺德翰林游显廷题。

图2-59　胥江祖庙武当行宫正殿前檐木纵架

内墙大门墙楣上为一幅水墨双龙壁画。殿内北帝为铜铸坐像，传说是真金为心，翡翠为胆（实际是以铜为金，玛瑙代翡翠），重1600公斤。祭案左右塑执旗、捧印立像的龟、蛇二将，两旁塑十大元帅，皆高3米。

❖ 普陀行宫（嘉庆十三年至十四年·1808—1809）

普陀行宫位于武当行宫的北侧，面阔10.3米，通进深26.2米，建筑面积约为270.2平方米。

门殿进深三间，结构形制、装饰形制与武当行宫大体相同。门上置"普陀行宫"木匾，前石檐柱联为："法宇配龙坡，仿佛普陀气象；莲台朝玉镜，依稀西竺规模"，为清咸丰二年（1852）的遗构（图2-60）。

正殿（图2-61、图2-62）开敞，前檐心间阑额[1]上独具匠心地设置一长2.3米、宽0. 16米、高0.98米的大型柁墩，阑额及柁墩通体镂雕祥瑞画面，是全庙现存最大的一块木雕，为岭南木雕代表作。正殿前檐柱楹联曰："坡岭势嶙峋仙石数卷幻作普陀岩里地，云桥波浩渺慈航一叶渡来水月镜中天。"殿内塑有观音像，左右塑有众神群像。

图2-60　胥江祖庙普陀行宫门殿墙楣壁画

图2-61　胥江祖庙普陀行宫正殿

[1] 即额枋。檐柱与檐柱之间起联系作用的矩形横木，叫额枋，也叫檐枋；宋代及宋以前叫阑额。是安装于外檐柱柱头之间，上皮与檐柱上皮齐平的枋。宋式建筑大木构件名称。断面为矩形，明清时近似方形。主要功能是拉结相邻檐柱。

图2-62　胥江祖庙多样的柱础

❖ 文昌宫（1985）

文昌宫位于武当行宫的南侧，1984年据原貌重建。文昌宫面阔10.2米，通进深25.9米，总建筑面积约为265.2平方米。与其他两路相比，文昌宫显得简洁朴素。门殿形制与武当行宫相同，雕饰工艺则不及前者。门殿檐柱对联是我国著名甲骨文专家、中山大学教授商承祚[1]先生于1985年孟冬按原对联补书。

宫中供奉文昌帝君，属儒教。文昌本星名，即文曲星。古人认为文曲星是主持文运、功名的星宿，因此其成为民间和儒教所信奉的文昌帝君，掌管仕途功名禄位。以前仕子进京考试必先拜文昌；民间习俗中，子女上学开笔时也必定到文昌庙拜祭；许多为官者亦前来参拜。时至今日，每年仍有众多家长来为子女行开笔礼。

❖ 禹门牌坊

禹门牌坊（图2-63）为三间四柱石牌坊，原位于北江“武当码头”（胥江祖庙的专用码头）登岸处，因修北江大堤而迁移到此。背面刻有“万派朝宗”四字。古代由湖南、粤北来的客商经北江而下，到此转入胥江，经乐平、花都进入省城广州，是最便捷的水道，所以芦苞当时有“小广州”之称。来芦

图2-63　禹门（作者：陈文滨）

---

❶ 商承祚（1902—1991），字锡永，号驽刚、蠖公、契斋，广东番禺人。古文字学家、金石篆刻家、书法家。早年从罗振玉选研甲骨文字，后入北京大学国学门为研究生。毕业后曾先后任教于东南大学、中山大学、北京女子师范大学、清华大学、北京大学、金陵大学、齐鲁大学、东吴大学、沪江大学、四川教育学院、重庆大学、重庆女子师范大学等。有《殷虚文字类编》《商承祚篆隶册》行世。

苞的船只经此必先拜胥江祖庙，以求平安。当时是由北江登武当码头，经禹门牌坊，再过武当庙道，穿“青云直步”牌坊才到胥江祖庙的。从武当码头上岸见到的第一个牌坊就是“禹门牌坊”（图2-64）。

图2-64 禹门牌坊（吕唐军摄）

❖ 三雕两塑一画

胥江祖庙内现存大量的三雕两塑一画等重要文化遗产。

原来三庙六条正脊及两廊看脊上，皆饰有瓦脊。现仅有武当行宫门殿正脊上完整保留了清代的陶脊，为文如璧的艺术珍品，光绪戊子年（1888）重修时塑，上塑双龙争珠（图2-65～图2-67）。武当行宫大殿正脊上保留了部分清咸丰二年（1852）的陶脊残件，为国内现存于建筑上最早的石湾陶脊残件。殿堂上光绪年间石湾陶脊作品，都刻有清代石湾文如璧、均玉、宝玉等店号。其余陶脊均为1992年重造。

图2-65 胥江祖庙武当行宫大殿陶塑正脊局部

图2-66　胥江祖庙普陀行宫后堂心间纵架木柁墩

图2-67　胥江祖庙普陀行宫檐板

三路院落廊庑及正殿石阶石栏板上均有明代三羊启泰、双凤朝阳、麟吐玉书等祥瑞画面石浮雕，雕工古雅（图2-68、图2-69）。砖雕“福禄寿三星图”“孙真人点睛图”等，人物栩栩如生（图2-70）。

胥江祖庙的灰塑以殿堂山墙上的灰塑为代表（图2-71）。

墙楣上壁画琳琅满目，为胥江祖庙一大特点，主要壁画为黎蒲生作品（图2-72）。

图2-68　胥江祖庙普陀行宫正殿阶梯石雕

图2-69　胥江祖庙武当行宫石雕栏板

图2-70　胥江祖庙砖雕墀头

图2-71　胥江祖庙普陀行宫门殿山墙灰塑

图2-72　胥江祖庙武当行宫壁画

2.3 光孝寺（广州市越秀区，唐至清）

“未有羊城，先有光孝。”

光孝寺址最初是西汉第五代南越王赵建德的故宅，三国吴大帝年间（222—252）东吴名士骑都尉虞翻被贬广州，居此讲学，在庭院种下很多苹婆、诃子树，时称“虞苑”“诃林”。虞翻去世后“舍宅为寺”，取名“制止寺”。

东晋安帝隆安元年（397）最早到广州的罽宾国[1]高僧昙摩耶舍[2]在广州传教，于此建五开间大殿等主体建筑，改名“王苑朝延寺”，又称“王园寺”。南朝时，宋武帝永初元年（420）寺中创建戒坛，称“制止道场”。

唐贞观十九年（645）改为“乾明寺”“法性寺”。唐仪凤元年（676），六祖慧能至广州法性寺（光孝寺，图2-73）听印宗法师讲解《涅槃经》，“风吹幡动”的典故影响巨大，印宗法师亲自为他在菩提树下削发，后人在光孝寺建瘗[3]发塔、六祖堂和风幡堂以纪念。

入宋，为“乾明禅院”（962），再改“崇宁万寿禅寺”（1103）、“天宁万寿禅寺”（1111）。南宋绍兴七年（1137），宋高宗诏令改寺名为“报恩广孝禅寺”，绍兴二十一年（1151）易“广”为“光”，改定为“报恩光孝禅寺”，俗称“光孝寺”，寺名沿用至今。元世祖十六年（1279），光孝寺诏设僧禄司，至元三十年（1293），在元帅吕师夔支持下，进行了大规模修建，盛极一时。观音殿、宝宫后殿、悉达太子殿、檀越堂、兜率阁等建筑都为此时期增建。明洪武十五年（1382），设僧纲司管理佛寺。此后尽管光孝寺又进行过多次修缮，但清顺治七年（1650）清军南下至民国，光孝寺规模大为缩小，遭到严重破坏。

光孝寺（图2-74、图2-75）现存占地面积30490平方米，总建筑面积12690平方米，建筑结构严谨，殿宇雄伟壮观，为广州五大丛林之冠，历史最为久远，文物、史迹众多。它不仅在佛教历史上占有重要的位置，并且开创了华南建筑史上独有的风格和流派。整体平面规模宏大，遗留大量早期建筑特点，构件素雅，为岭南祠庙之精粹。

寺坐北向南，沿中轴线有门殿（1990年重建）、天王殿、大雄宝殿（有月台）、藏经楼（待修复）。中轴线东西侧分别有钟楼（大雄宝殿前东部，图2-76）、鼓楼（大雄宝殿前西部，1990年重建）、洗钵泉（钟楼南侧）、大悲幢（鼓楼南侧）、伽蓝殿（大雄宝殿东侧）、卧佛阁（大雄宝殿西侧）、六祖堂（藏经楼东）和罗汉殿（藏经楼西）。建筑群前部与东西部以围廊围合。围廊外东院有东铁塔、洗砚池、莲花池等；西院有瘗发塔、西

[1] 古代中国与印度之间的小国之一，位于今阿富汗东南部、巴基斯坦北部及克什米尔西北部。

[2] 昙摩耶舍，中文名法明，罽安人。少而好学，14岁时就受到佛教大师弗若多罗的赏识。长大后具有非凡的才干，文雅而有神慧，广览佛门经、律，具有超人的悟性。于晋隆安（397—401）年间到广州，住白沙寺。因擅长背诵《毗婆沙律》，人们称他为“大毗婆沙”，讲说《佛生缘起》，并翻译《差摩经》一卷。

[3] 瘗，音yì。埋葬；埋藏。

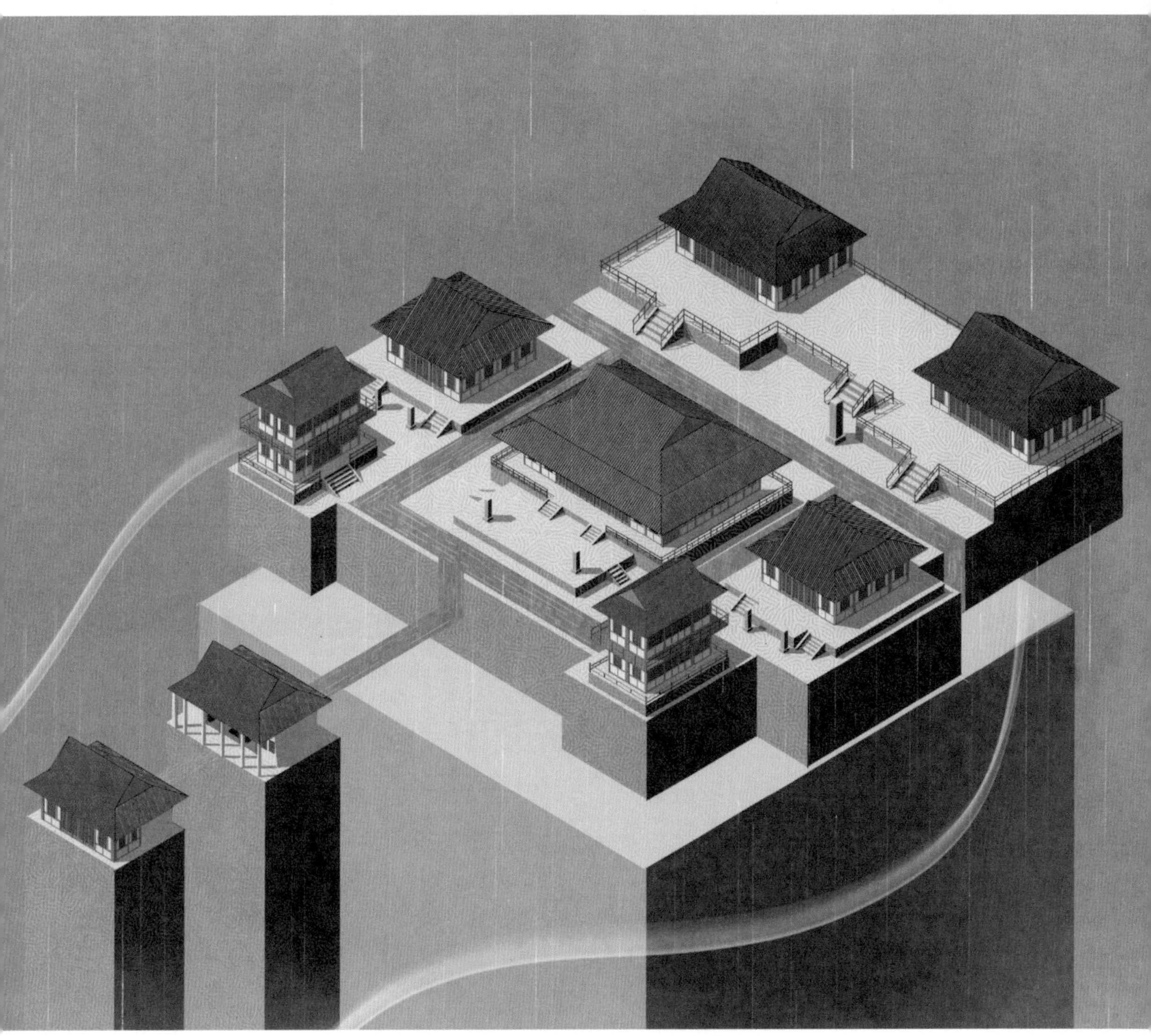

图2-73　时空中的光孝寺（作者：陈雪冰）

铁塔、禅堂及碑刻等。光孝寺的三大殿堂（大雄宝殿、伽蓝殿、六祖堂）无论在规模还是形制上，都是岭南古建筑之精粹。

图2-74　光孝寺总平面航拍（范俊杰摄）

图2-76　晨钟暮鼓（作者：赖纪鸣）

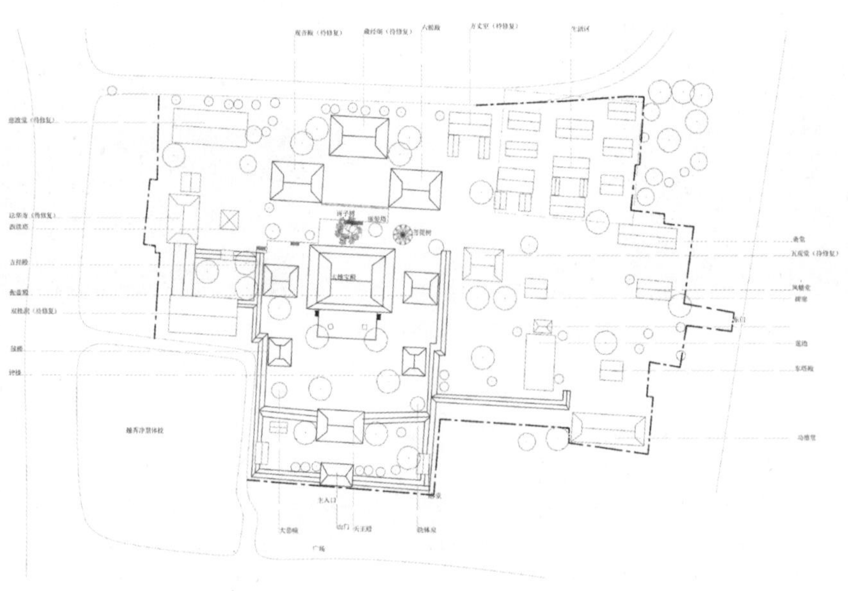

图2-75　光孝寺总平面图（杨玉苹绘）

❖ 大雄宝殿（南宋绍兴年间·1131—1162～清顺治十一年·1654）

大雄宝殿（图2-77）是光孝寺建筑群内最为雄伟的建筑，始建于东晋隆安元年至五年（397—401），为昙摩耶舍始建，历代均有重修，现存建筑主要是南宋绍兴年间（1131—1162）及清顺治十一年（1654）重修之物，顺治十一年（1654）由五间扩至七间，但仍然保留了宋代建筑风格（图2-78）。

图2-77　千年宝殿（作者：陈雪冰）

图2-78　光孝寺大雄宝殿模型（范俊杰建模）

大殿南面前方有高1.4米的宽阔月台，月台上左右有两石塔幢，高约5米，八角七层，每层刻有佛龛。大殿台基四面都有栏杆，北面栏杆为宋代遗构，望柱头饰为雄健的石狮，其他三面的石狮原为清代雕刻，20世纪80年代重修时换成仿北面栏杆的样式（图2-79）。大殿南面左右次间门前设台阶（二阶制），北面心间门前设台阶。

图2-79　光孝寺大雄宝殿台基北面栏杆宋代遗构

大殿（图2-80～图2-86）东西宽原为五间，清顺治十一年（1654）扩建为七间35.36米，南北进深六间24.8米，建筑总面积1104平方米，为岭南佛殿之冠。重檐歇山顶，出檐深远，两层檐间开有镂空蠡壳窗，半透明贝壳填充（蠡壳窗），檐柱有生起，双曲屋面。灰塑龙船脊[1]，脊两端有鳌鱼，中有宝瓶，垂脊上有鳌鱼、仙人和走兽。上檐不用斗栱铺作出跳，仅在内檐柱用一跳插栱出跳，出檐较小。窗为直棂窗，整个建筑基本素平无装饰。

[1] 龙船脊又称船脊，是珠江三角洲地区传统建筑中采用的极为普遍的屋脊形式。因正脊两端高翘形似龙船，而被称作“龙船脊”或“龙舟脊”。

图2-80　光孝寺大雄宝殿

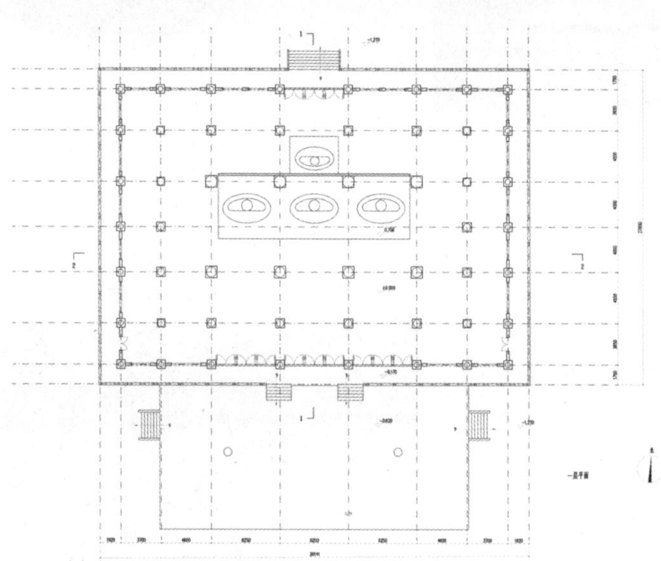

图2-81　光孝寺大雄宝殿平面图（杨玉苹绘）

【建筑测绘图尺寸和标高标注说明：书中的建筑测绘图均为标准建筑工程图纸，按工程制图规范，图中尺寸单位均为毫米（mm），标高单位均为米（m）。各制图符号按常用工程制图符号解释。后同。】

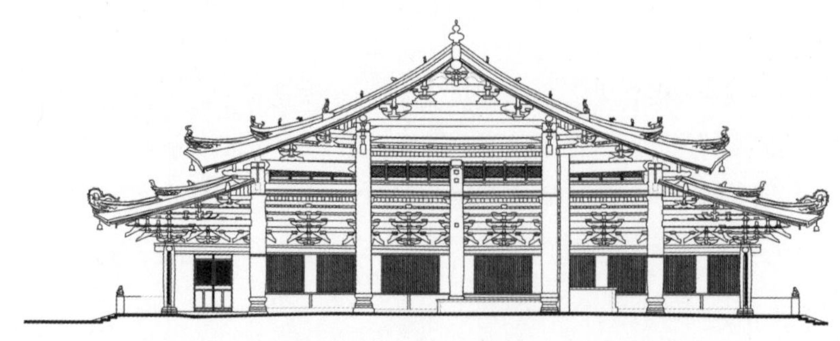

图2-82　光孝寺大雄宝殿1-1剖面图（彭加敏绘）

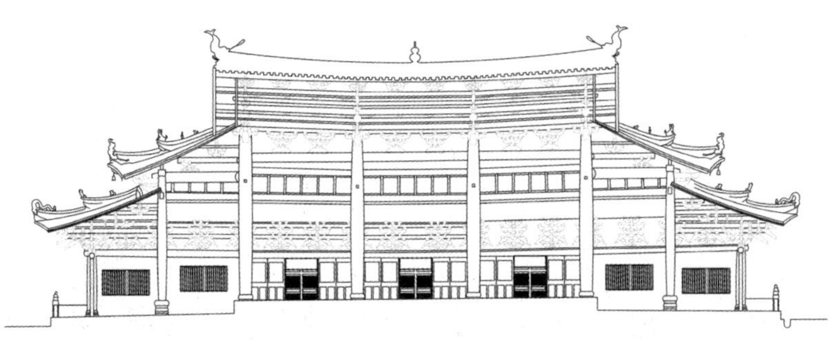

图2-83　光孝寺大雄宝殿2-2剖面图（钟建彬绘）

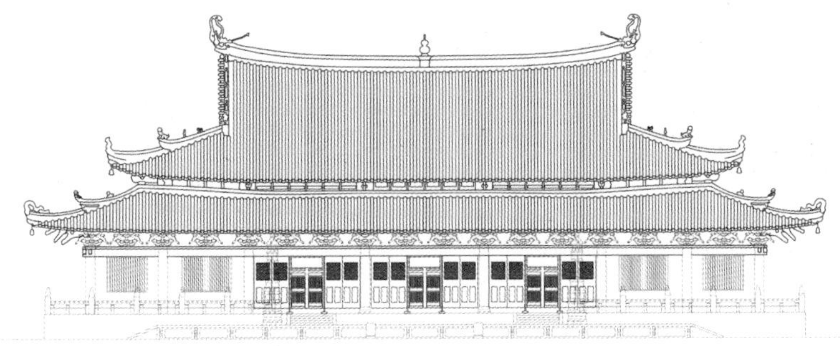

图2-84　光孝寺大雄宝殿南立面图（李展鹏绘）

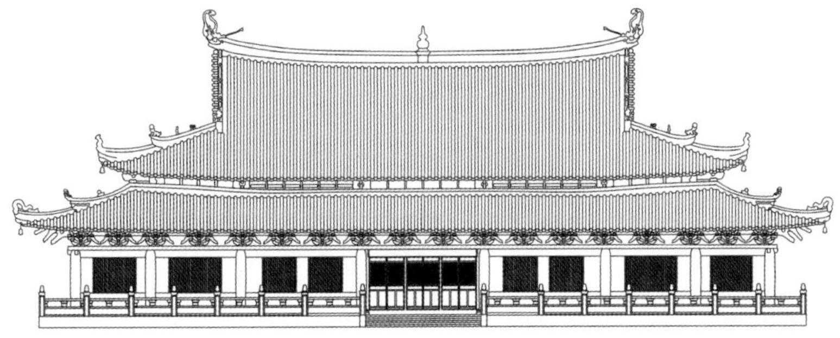

图2-85　光孝寺大雄宝殿北立面图（苏睿龙绘）

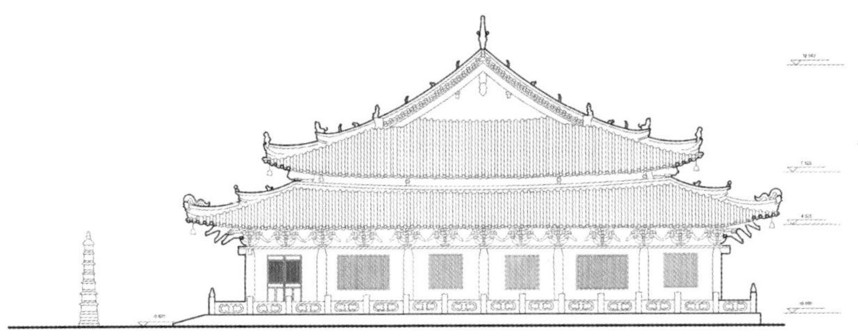

图2-86　光孝寺大雄宝殿东立面图（林清泓绘）

大殿平面双槽，副阶周匝，柱网整齐，外檐柱26根，内檐柱18根，金柱8根，均为木柱。走廊宽1.46米，心间与次间前后开门。梭柱，仍有柱头栌斗。外檐柱覆盆式柱础，内檐柱与金柱柱础为双柱础，下为覆盆式，上部再加圆柱础。殿身梁架四柱十三架，内槽七架，上、下檐皆为三椽栿，殿身插栱襻间斗栱梁架，下檐大式斗栱梁架（图2-87、图2-88）。梁皆为琴面[1]直梁，梁端入柱处作卷杀，优雅柔和。

图2-87　光孝寺大雄宝殿梁架

图2-88　光孝寺大雄宝殿梭柱与梁架

斗栱壮硕，出檐深远。大殿斗栱心间、次间各两铺作，梢间与尽间各一铺作。檐柱柱头铺作为单杪双下昂六铺作，有插昂（假昂）、侧昂，柱头铺作的栌斗施于柱头普柏枋上，斗栱外跳计心造，里跳偷心造（图2-89、图2-90）。横架[2]上以驼峰支承斗栱，纵架上三椽栿上施驼峰，其余不施驼峰，仅以坐斗连接。大殿彻上明造[3]，不设拱眼壁，以通风散气。脊槫下设广府特有的“S”形叉手（不确定是否后加）。

图2-89　光孝寺大雄宝殿檐柱柱头铺作与补间铺作

图2-90　光孝寺大雄宝殿转角铺作

[1] 梁的截面如琴面般凸起。

[2] 岭南祠庙建筑中，与正立面垂直，与山墙平行的梁架，称为横架，横架主要起承重作用。

[3] 建筑物室内不用天花板，整个梁栿屋架一览无余。

❖ 伽蓝殿（明弘治七年·1494）

伽蓝殿（图2-91）位于大殿东面，为明弘治七年（1494）重建，清代重修，面阔三间，进深三间八架，歇山顶。斗栱仿大殿形制但尺度缩小（图2-92）。

图2-91　光孝寺伽蓝殿

图2-92　光孝寺伽蓝殿转角铺作

❖ 六祖堂（清康熙三十一年重建）

六祖堂（图2-93）位于伽蓝殿之后，供奉六祖慧能，始建于北宋大中祥符年间，清康熙三十一年（1692）重建，2006年重修。建筑同样保留宋风。六祖堂面阔五间，进深四间十三架，歇山顶。前檐八角石柱，出檐达2.4米。金柱柱础为咸水石[1]覆莲柱础，推测为宋代遗构。斗栱仿大殿形制但尺度缩小。

图2-93　六祖堂

[1] 咸水石来自大海，在清康熙迁海（顺治十八年·1661）以前为建筑的主要用材之一。清康熙迁海以后，随着花岗岩的广泛使用，咸水石渐渐淡出使用。

❖ **瘗发塔（唐仪凤年间·676—679）**

瘗发塔（图2-94）始建于唐仪凤年间（676—679），为纪念六祖慧能剃度所建。位于大殿东北角，菩提树西侧，塔身为红砂岩，仿楼阁式塔，高7.8米，八角七层，每层有八个佛龛，内置佛像。塔下有红砂岩覆莲须弥座。据说慧能在菩提树下削发后，将发埋此处，上盖塔以纪念之。

图2-94　瘗发塔

❖ **西铁塔（五代南汉大宝六年·963）、东铁塔（南汉大宝十年·967）**

寺内东西两侧各有一座铁塔，建于南汉时期。两塔的铸造工艺精巧，其高度和式样相仿，都是四角七层，各层四面都有一个大佛龛，供奉坐在莲花座上的弥陀佛，大龛外遍布小佛龛。

西铁塔（图2-95）铸于五代十国时期的南汉大宝六年（963），是中国现存铸造年代最早的铁塔，并有确切的年款，为南汉后主刘鋹的太监龚澄枢及侍女邓氏三十二娘联名铸造。原为七层，现存三层，残高3.1米。塔身平面正方形，须弥座，下枭[1]覆莲，束腰龙

[1] 须弥座的下枋之上、束腰之下的部分，多做成凸面嵌线（枭），又处于下部，故名下枭。须弥座的束腰之上、上枋之下的部分，雕成凸面嵌线，枭又处于上部，故名上枭。

纹，四角托塔力士，上枭刻有年款。须弥座上再饰丰满圆润的仰莲。每一层塔身为千佛龛，四面正中皆有大佛龛。每层檐下饰飞鸟、飞天纹样。

东铁塔（图2-96）铸于五代南汉大宝十年（967），晚西铁塔4年。为南汉后主刘鋹捐造，继承大唐遗风。东铁塔七层，东塔高6.35米，石雕须弥座高1.34米，总高7.69米。须弥座束腰三爪龙纹，须弥座上再饰重瓣仰莲。每一层塔身为千佛龛，四面正中皆有大佛龛。因是皇帝捐造，每层塔檐多一层专刻龙纹，与西塔有所不同。铸成之初塔外贴金，称涂金千佛塔。

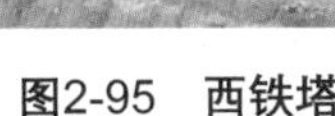

图2-95　西铁塔

图2-96　东铁塔

❖ 大悲幢（唐宝历二年·826）

大雄宝殿前西南部有石经幢，全名“大悲心陀罗尼经幢”（大悲幢），建于唐宝历二年（826）。经幢基座为力士承托莲花，经幢平面八边形，高2.19米，幢顶施八角宝盖，宝盖檐与角梁相交处出一跳华栱。

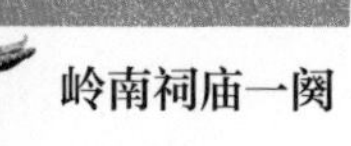

2.4 南海神庙（波罗庙、东庙）（广州市黄埔区庙头村）

南海神庙（图2-97、图2-98），又称波罗庙、东庙，古属扶胥镇。始建于隋开皇十四年（594），隋文帝下诏建四海神庙祭四海，在广州南海建南海神祠。神庙中有波罗树，所临的珠江段名波罗江，故又称“波罗庙”。唐代扩建，宋至明、清均有重修、扩建。唐玄宗时册尊南海神为广利王，宋、元两代屡有加封，合称南海广利洪圣昭顺威显灵孚王，配以明顺夫人。历朝每年都派官员代表皇帝举行祭典。该庙是中国四大海神庙中唯一遗存下来的最完整、规模最大的建筑群，在对外交通贸易中起着重要作用，是古代海上丝绸之路发祥地之一。

唐天宝十年（751）、唐元和十四年（819）、宋开宝六年（973）、宋大中祥符六年（1013）、宋治平七年（1070）、宋宝庆元年（1225）、元至元三十年（1293）、元大德七年（1303）、明洪武二年（1369）、明成化八年（1472）、清康熙四年（1665）、清雍正三年（1725）、清道光二十九年（1849）、清宣统二年（1910）、民国十五年（1926）、1986年等均有重修、扩建。

《南海神广利王庙碑》记载，南海神庙“在今广州市之东南，海道八十里，扶胥之口（珠江出海口），黄木之湾（现广州市黄埔港庙头村）”。古代庙旁黄木湾为广州外港，并以此处的扶胥镇为集市，此处是海上丝绸之路的起点。南海神庙前临珠江口，连接狮子洋，庙前是古老的码头，是昔日各国海船系缆所在。不少学者认为，在隋唐以前，黄埔附近的“扶胥”已形成港口，南海神庙的建立就是一个重要标志。商船、渔船出海向南海神祭拜，祈求平安。

唐开元十四年（726），张九龄奉唐玄宗之命，以特遣持节的身份到广州祭祀南海神，这是南海神庙历史上一次重要的祭祀，开创了皇帝派重臣南来代祭南海神之先河。唐天宝十年（751），唐玄宗命张九皋奉金字玉简之册封南海王，还将旧庙进行重新修葺，祭南海神，自此始用王侯之礼，并定下立夏节由广州刺史代祭南海神制度。及后1000多年南海神庙一直为中国历代皇帝祭海的场所。自隋唐以来，历代皇帝都派官员到南海神庙举行祭典，留下了不少珍贵碑刻，故有“南方碑林”之称。

每年农历三月在此举行的祭祀南海神的传统民间信俗“波罗诞”被列入国家级非物质文化遗产名录。波罗诞是在南海神庙定期举行的祭祀南海神的传统民间信俗，“波罗诞”庙会是广州最大的民间庙会，有着千年的历史文化传统，是全国现存唯一对海神进行祭祀的活动。《广东通志》卷八《礼乐志》载，“南海神庙每岁春秋仲月壬日致祭”，是为官祭。民间以农历二月十三日为南海神生日，南海神庙每年于二月十一日开始举办庙会，规模盛大，称“南海神诞”，又称“波罗诞”，吸引附近民众及东南亚地区华侨前来。庙会

图2-97　扶胥浴日（作者：郭小枫、陈凯莹、彭懿、冯小桃）

图2-98　定海神宫（作者：蔡婉玲）

主要的活动有祭海仪式、花朝节[1]、章丘诗会、岭南民俗表演活动等。清代是波罗诞的鼎盛时期。嘉庆年间崔弼的《波罗外纪》载，诞期从二月初旬到十五共十多天，从庙内、庙前到黄木湾的水面，主题特色明显。海上灯市、商贸集市、访亲会友、百艺聚汇、“四乡回景”等最为热闹。

南海神庙坐北朝南，占地面积2万余平方米，中轴线上四进殿堂，空间序列由南至北依次为扶胥古埗（明代古码头）、清代古码头、“海不扬波”牌坊、门殿、仪门、礼亭、大殿和后殿“昭灵宫”，两侧有廊庑与碑亭。中轴线稍有偏折，“海不扬波”牌坊、门殿、仪门和礼亭之间并不完全中轴相对，朝向亦有所偏离，推测是因为历代多次修建，或是历代埗头位置变迁的缘故。神庙中多处表现出其古老的形制。古庙西南面的章丘岗上有浴日亭[2]，是古代观望海上日出之地，宋元时期即为羊城八景之首“扶胥浴日”。

❖ 扶胥古埗、清代古码头

扶胥古埗（图2-99）为庙西南侧发掘的明代古码头遗址，遗址由码头、道路、小桥构成，全长125米，东西宽5.5米，长条形的红砂岩砌筑而成，由南到北延伸至浴日亭脚下。经专家考证，是广州地区乃至珠江三角洲一带保存最完整、规模最大的明代码头遗址。

图2-99　扶胥浴日图

图片来源：彭懿临摹

清代古码头（图2-100）的发现，证明清代的珠江水仍到“海不扬波”牌坊前，到南海神庙的人大都在此离船登岸。码头用麻石铺砌，共九级亲水台阶，通往庙内的路上铺五板麻石，喻为九五之尊，皇家气派。引路的两边留有圆形的“火烧坑”，是昔日民众三更生火烧猪的遗迹。

图2-100　清代古码头

---

❶ “花朝盛会”通常在“正诞”后举行，包括赏花咏春（赏花）、百花争艳（比美）等。

❷ 据传始建于唐代，现存建筑为清代所建，1986年重修。

❖ “海不扬波”牌坊

“海不扬波”牌坊（图2-101）在明代以前为木结构牌坊，明代以后改为石牌坊，现存的石牌坊为清代建筑。牌坊为三间四柱冲天式，花岗石砌筑，面阔9.4米，明间两石柱高约5米，顶部小石狮装饰，两边石柱高约4.4米，顶部桃状石雕。正面石额刻“海不扬波”四字（图2-102）。“海不扬波”牌坊成为南海神庙的“庙徽”而广为流传，珠三角及港澳地区有三十来块“海不扬波”牌坊，唯南海神庙的“海不扬波”为正宗。牌坊与门堂之间，仍留有部分红砂岩甬道。

图2-101　海不扬波（作者：钟鸣菲、彭懿）

图2-102　“海不扬波”牌坊

图2-103　南海神庙门殿

❖ 门殿

海不扬波石牌坊后，是门殿（图2-103）。门殿建于清代，面阔三间15.4米，进深两间十三架9.4米，建筑面积144.3平方米。硬山顶，绿琉璃瓦，二龙戏珠、鳌鱼陶脊。门殿左右附衬祠，衬祠两侧为八字影壁，台阶两边有一对明代红砂岩石狮，前方并有一对清代盘龙华表。分心槽[1]形制，一门四塾[2]，中有两柱分心墙，前檐花岗岩八角檐柱，后檐花岗岩圆形檐柱。心间与次间均有木阑额，纵架无驼峰斗栱，檐柱出木梁头。插栱襻间斗栱梁架，七架梁。门殿前檐有鳌鱼托脚，后檐无拉结型托脚。木门面，门前有一对石鼓。门前对联（清增城林子觉撰）：“白浪起

❶ 柱网平面布局方式，是分心斗底槽的简称。屋身用檐柱一周，身内纵向中线上列中柱一排，将平面划分为前后两个相等空间的柱网布置形式。一般用作门殿处理。

❷ “塾”是岭南祠庙中大部分门堂所选择的一种古老的礼制元素，是门堂的侧室，位于三开间门堂的次间或者五开间门堂的梢间。内塾用于宾客休息，外塾用于大型祭祀庆典活动时的鼓乐台，所以又被称为钟鼓台。塾分为内塾与外塾，故一门可有四塾。祠庙门堂所采用的有无塾、一门两塾和一门四塾。

时浪花拍天山骨折呼吸雷风，黑云去后云芽拂渚海怀开吞吐星月。”

图2-104　南海神庙仪门

❖ 仪门与碑廊

仪门（图2-104）与门殿、礼亭并非中轴正对，不仅不对中，且方向亦有偏移。仪门建筑用材多样，既有大量花岗石，亦有部分柱础为红砂岩。主体建筑面阔三间13.3米，进深四间五架12.1米，建筑面积160.9平方米。前有高大台阶，建筑周边筑有栏板。硬山顶，二龙戏珠陶脊。仪门无山墙，两侧与“L”形碑廊相通，仪门与碑廊空间一气呵成，并无隔断。仪门为分心槽形制，圆形花岗石檐柱，心间与次间均有简洁无装饰木阑额，纵架无驼峰斗栱，檐柱出木梁头。木门面中分仪门空间，开三门，中门上有“圣德咸沾”牌匾，两侧楹联“镇海神庥永，司南庙貌崇”。两旁石鼓[1]刻有封侯爵禄图[2]。小式瓜柱梁架，两边碑廊金柱仍保留有多种样式的红砂岩柱础。

仪门与礼亭之间，有花岗石与红砂岩砌筑的甬道。

碑廊均面阔六间23.6米、进深四间12.1米，共十三架。廊中陈列了许多历代的诗碑和石刻。

❖ 礼亭、碑亭、大殿、后殿

礼亭（图2-105）原建于明代，面阔进深均三间，歇山顶，后毁。1990年仿明代风格重建。礼亭前方左右有碑亭（图2-106）。

大殿原为明代建筑，面阔五间，进深三间，歇山顶，毁于1967年，仅存台基。1989年在原台基上重建复原，仿明代结构。塑坐像南海神祝融。

后殿名“昭灵宫”，是南海神夫人的寝宫，已改为钢筋混凝土结构。

庙内尚存唐代韩愈碑、宋开宝年间石碑和历代皇帝御祭石碑30余立方米，以及明代铁钟、玉刻南海神印等文物。原存有全国第二大的东汉大铜鼓，已于2000年被窃。

❖ 浴日亭

庙西侧山岗名章丘，昔为观望海上日出之地。岗上建有浴日亭，单檐歇山顶，梁架简洁，亭内立宋嘉定年间广州知府留筠摹勒苏轼诗碑一方，明代陈白沙步苏轼韵诗碑一方紧贴苏碑之后。

---

❶ 石鼓原为清代千顷书院的遗物。

❷ 蜂、猴、雀、鹿，是粤语中“封侯爵禄”的谐音。

图2-105 礼祀（作者：张妤）

图2-106 南海神庙礼亭、碑亭

2.5 玉岩书院（种德庵、萝坑精舍、萝峰寺）（广州市萝岗区萝峰山，明嘉靖十一年·1532）

玉岩书院（图2-107），又名种德庵、萝坑精舍、萝峰寺，位于广州市萝峰山。建筑群始建于南宋，经多次扩建修复，现存建筑样式基本保存清代风格。玉岩书院为广州十二间著名的古书院之一。

宋代萝岗钟姓始祖钟遂和出生于广州从化，年轻时经商有成，中年弃商从政，后辞官归隐，在萝峰山下坑村定居，于村后萝峰山麓建书院讲学，始建于南宋孝宗三年（1163），名“种德庵”。在其教书生涯中有两个十分重要的学生：一个是他的四子钟启初[1]（号玉岩），考取进士，官至兼知政事朝议大夫；另一个是南宋右丞相崔与之。

钟玉岩青少年期间曾与崔与之一起在书斋读书，后于开禧元年中进士，一生由学而仕，官居高职。告老还乡后精心扩建书斋，增建余庆阁、漱玉台等建筑，改名为“萝坑精舍”，并在此讲学，使萝坑精舍名声大振。崔与之辞官后居于广州增城，两人时相往来，并一起在萝坑精舍讲学。南宋理宗宝庆元年（1225），钟玉岩因病辞世。崔与之亲自前来主持葬礼，并带来皇帝诰封。钟玉岩得于厚葬，皇帝又准其子之奏，塑玉岩真像供奉于原讲学的萝坑精舍内，萝坑精舍更名为“玉岩书院”。

南宋末年，钟玉岩之孙钟汝贤考取进士，扩建书院，新建了玉岩殿、观音殿、天尊殿、东厅、西斋等多处建筑。元代，钟玉岩的曾孙钟子还弃官归里后，结合周边的地形和环境扩建了多处亭阁，并在书院内成立了萝岗诗社，留下大量佳作诗集，均为木刻版。明代民间书院屡遭统治者查禁，文风不振，书院不兴，嘉靖壬辰年（1532），钟氏族人再次重修玉岩书院，扩建了观音堂、天尊殿等庙宇与书院相连，后又依据山体建造了文昌庙、候仙台、金花庙。

此后，钟氏族人并未再扩建玉岩书院与萝峰寺，仅在清朝道光年间和光绪年间对书院有过较大规模的修缮。每年正月十五日，钟氏文人集聚在书院举行祭祖仪式，仪式完毕，便举行诗文大会，这一习俗得以世代沿袭。1957年、1980年、1984年、2003年，玉岩书院先后多次修缮。

玉岩书院坐落于萝峰山麓，周围山体形成环抱之势，书院建筑所在地形西北高而东南低，故其朝向坐西北向东南。玉岩书院与东部的萝峰寺连为一体，共占地1348平方米，集祠堂、书院、佛寺、道观、文昌庙及园林等为一体，三教合一，可游可居，承担读书、游览、祭祖、集会等社会功能。书院布局紧凑，错落有致，充分利用自然地形，巧夺天工，为岭南祠庙之精粹。

---

[1] 钟启初（1155—1225），字圣德，号玉岩。南宋高宗绍兴二十五年（1155）出生于广东花县赤坭，八岁时随父迁居番禺萝岗。幼年在父亲创建的种德庵读书，淳熙十五年（1188）列为诸生，嘉泰四年（1204）举乡贡24名，开禧元年（1205）中甲科进士，官至朝议大夫。历任武昌同知、福建参议，后升任户部度支判敕进内直起居郎，诏令参议中书省兼知政事朝议大夫。回乡后在“萝坑精舍”讲学。

图2-107　萝峰桃源（作者：陈锐烨）

玉岩书院地形高差极大，纵向方向利用前后高度递进、局部中轴对称的方式体现庄严、有序的空间。借助山地多变地形、高差与优美的自然景致，庭院、廊梯等灵活变化，主次分明，却不拘泥于形制。建筑群周边树林掩映，山泉蜿蜒，俯瞰山下是羊城八景之“萝岗香雪”。清代题联云：“蓬岛云林，万本梅花千古色；萝峰泉石，百丛花木四时春。”

建筑群由等高线方向横向一字排开的四路建筑组成，依地势前低后高，分别为两到三进。四路建筑之间以隔墙和门相接，既分又合。中间两列为书院主体，两侧东西厅为附属。依照地形高低分前后进，前一进坐落于低处，后一进则居于较高处，前后以石砌直跑楼梯相连，高、低处各有一条横向的路径串联各列。路径变化多样，途经檐廊、天井、大堂、门洞等。中路书院建筑主体包括长阶梯、余庆楼、观鱼池、玉岩堂。相邻东路萝峰寺建筑包括道教元始天尊殿、佛教观音殿、韦驮香座、僧寮、僧橱等。东面边路萝坑精舍建筑包括东西斋等。西路为种德庵建筑。整座建筑基本保持清代中晚期重修式样。

书院的排水系统非常独到，在书院东北门、东路萝坑精舍和萝峰寺之间有排洪渠，穿越两个狭长封闭的院落，可将山洪雨水泄至山下，不影响建筑（图2-108）。其间明渠与暗渠相接，结构精巧。

图2-108　玉岩书院排洪巧构

书院（图2-109～图2-118）中诗词对联处处皆有，意随境异，情景交融。书画奇石缀于厅堂天井，自然风景增以文学的想象空间，意趣盎然。

图2-109　玉岩书院鸟瞰

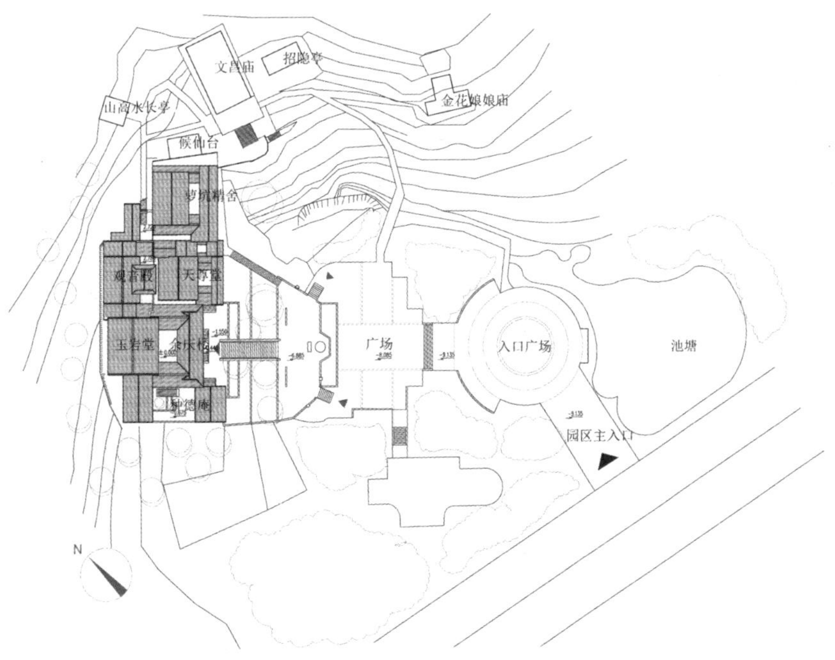

图2-110　玉岩书院总平面图（邱泽智绘）

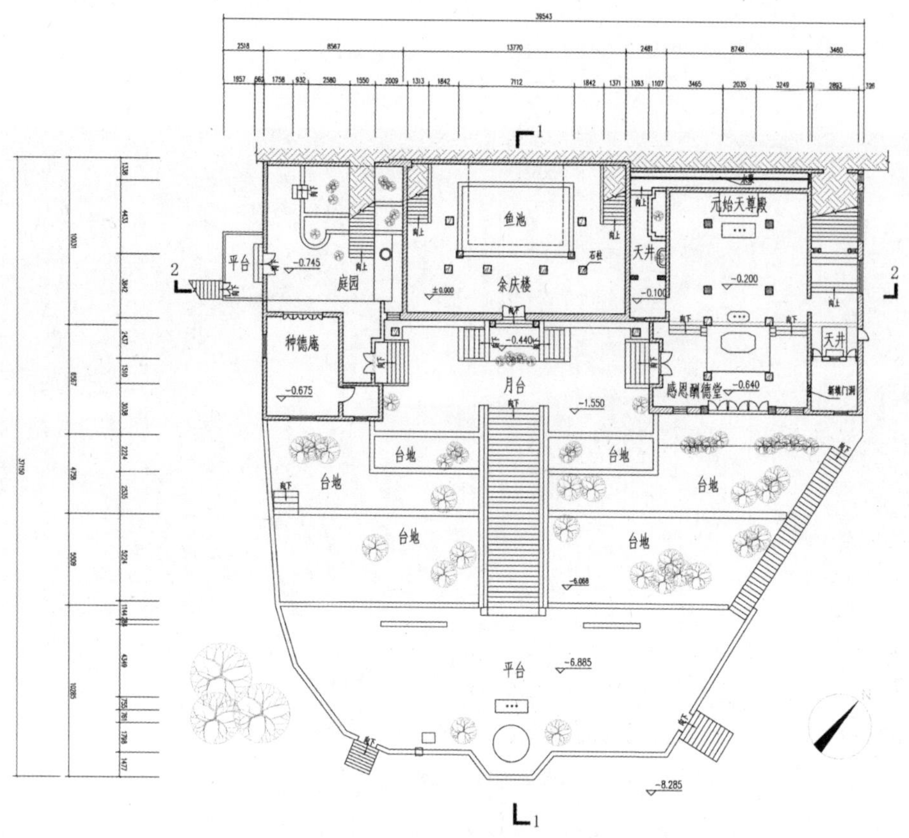

图2-111　玉岩书院首层平面图（陈锐烨绘）

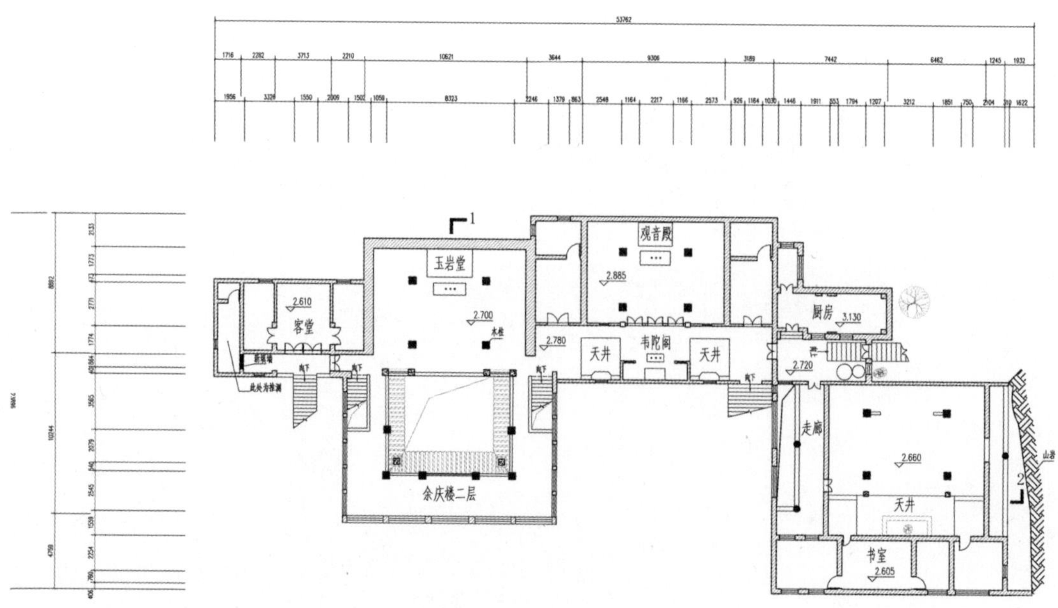

图2-112　玉岩书院二层平面图（陈锐烨绘）

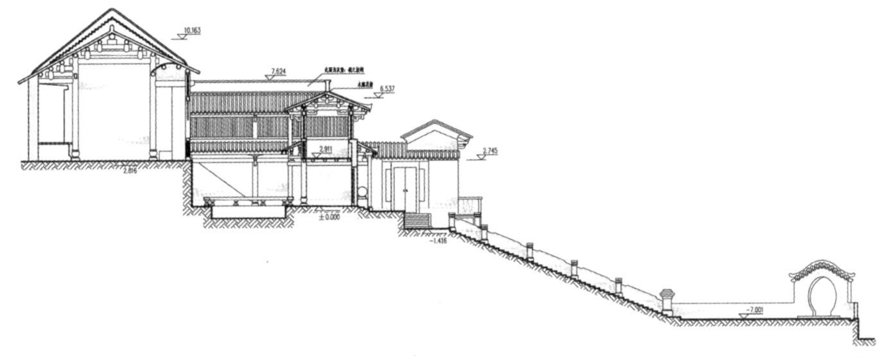

图2-113　玉岩书院1-1剖面图（蔡旭禧绘）

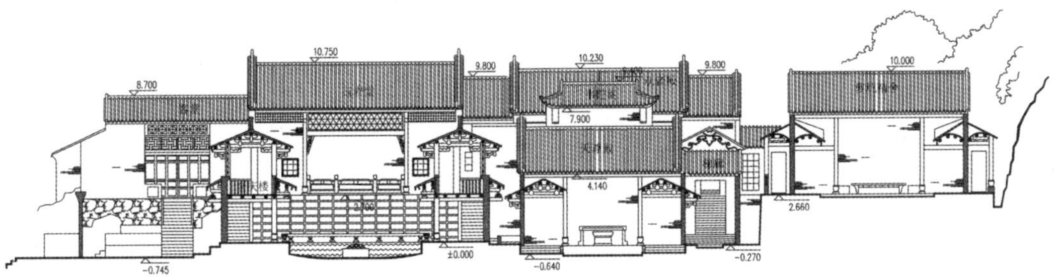

图2-114　玉岩书院2-2剖面图（赖纪鸣绘）

图2-115　玉岩书院东南立面（主立面）图（赖纪鸣绘）

图2-116　玉岩书院西南立面图（陈俊廷绘）

图2-117　玉岩书院东北立面图（陈俊廷绘）

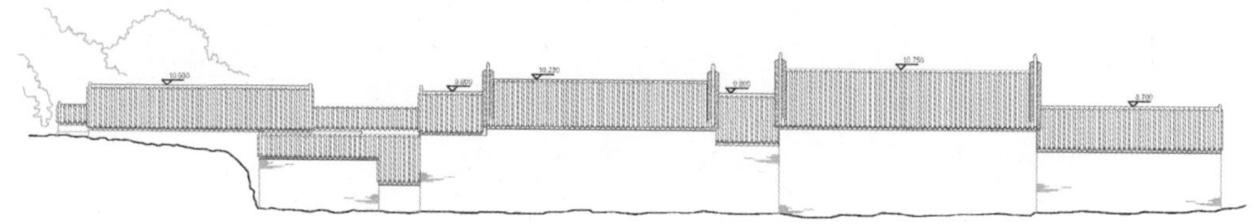
图2-118　玉岩书院西北立面图（陈彦毓绘）

❖ 中路主体建筑：长阶梯、余庆楼、观鱼池、玉岩堂

门堂及前长阶梯（图2-119、图2-120）、余庆楼、观鱼池、玉岩堂前后串联，成为中路建筑序列。书院建筑依山傍谷，掩映于葱郁山林之间。入口广场与书院大门之间有高耸大型阶梯，石阶数十级，两侧林木繁盛，沿阶仰望，雄伟壮观。

书院门堂建筑平面呈“凹”字形，中部为两层门楼——余庆楼，前有月台，两侧有石阶登入。东、西两翼为平房，“萝峰”“种德”二门相对（图2-121、图2-122）。余庆楼面阔五间16.7米，深一间3.8米，重檐歇山顶，碌灰筒瓦，门上悬“玉岩书院”木匾，明嘉靖年款。前檐仅用两柱，柱上施插栱。

余庆楼以两厢廊庑与玉岩堂相连，余庆楼与两厢廊庑均为两层廊式楼。余庆楼与玉岩堂中间为观鱼池水庭（图2-123）。

图2-119　翠掩玉岩（作者：邱泽智）

后进玉岩堂随山地抬升，居高临下，建在与余

庆楼二层等高的台基上。玉岩堂与余庆楼二层阁楼以两侧围廊相互联系，中有观鱼池水庭，构成七檐滴水[1]（玉岩堂单檐，余庆楼三面围合、双檐，合共七檐，图2-124）之景。观鱼池两侧有石阶登至玉岩堂。玉岩堂面阔三间15.2米，进深三间8.7米，十三架三柱加后墙承重，瓜柱梁架，金柱有柱櫍[2]，硬山顶。石檐柱有隶书联："满壁石栏浮瑞霭，一池溪水漾澄鲜。"

余庆楼两层，各层有挑檐，檐柱出梁头承驼峰斗栱，上承挑檐檩（图2-125）。

站立长阶梯之下，视线穿过余庆楼大门、观鱼池水庭，直落到玉岩堂正殿内。殿内供有钟玉岩塑像，殿顶四字匾额"万代崇瞻"。想当年乡邻族中子弟来此求学，拾级而上，仰头崇瞻，视线所及刚好为此匾。

图2-120　玉岩书院门堂

图2-121　玉岩书院中路入口与东路萝峰寺入口

图2-122　种德庵入口

图2-123　玉岩堂与观鱼池

---

[1] 钟玉岩在武昌任知府期间，曾救过三太子，三太子感其忠勇，在钟玉岩葬礼结束后，赐以"七檐滴水"格局重建萝坑精舍，以表示对钟玉岩的感激之情。"七檐滴水"，是指下雨时雨水通过七个屋檐，滴向地面的观鱼池。据说皇帝是八檐滴水，为了不僭越礼制，又能体现皇恩浩荡和钟玉岩在三太子心目中的地位，所以做了"七檐滴水"，以玉岩堂为主建筑，建得高大雄伟，用一檐，余庆楼作为附楼，要低于玉岩堂，用重檐结构。"七檐滴水"曾是玉岩书院的骄傲，也是钟家人的骄傲。此格局一直沿用至今，历代重修都没有破坏过。

[2] 櫍，音zhì。置于柱础之上、垫于柱身之下的构件，用铜、石或木料做成。最早的柱櫍为铜櫍，见于殷代遗址。它是柱身与底座的过渡部分，安装"櫍"的原因是中国的柱子基本是木制，水分易顺着竖向的木纹上升而影响木柱的耐久质量，而"櫍"的纹理为横向平置，可有效防止水分顺纹上升，起到保护柱身的作用。

图2-124　余庆楼与七檐滴水

图2-125　余庆楼挑檐

❖ 东路萝峰寺建筑

玉岩堂东侧有门，可进入一墙之隔的东路萝峰寺建筑。寺庙由低处的道教元始天尊殿与高处的佛教观音殿沿中轴线前后组成，元始天尊殿前有一感德酬恩堂（图2-126），两侧以廊与殿相连。感德酬恩堂南门外原有一小阳台，现已拆除。天尊殿东侧有一“上方香国”梯廊沟通萝峰寺前后进（图2-127）。

图2-126　感德酬恩堂

图2-127　梯廊

❖ 东路萝坑精舍建筑

“上方香国”梯廊东侧隔一天井，就是书院东厅——“萝坑精舍”。从玉岩堂经过观音殿南部天井通道（图2-128），往“洗心池”走，右面有一小门，过檐廊，廊东侧即为萝坑精舍，上有匾额“萝坑精舍”（图2-129）。廊西侧则为一纵向狭长天井，对望“上方香国”梯廊。

图2-128　从玉岩堂往观音殿南部天井通道

图2-129　洗心池与“萝坑精舍”入口

萝坑精舍两进，第一进为几间书房，后进为大厅，中为天井，后进的大厅向天井开敞，两侧有廊庑。文献记录书房以南原亦有一阳台挑出，迎向山林，为书院空间序列中的一小高潮，现已不存。

萝坑精舍清幽雅致，天井南部檐墙有别致石景。精舍东侧靠近山壁，上有杂蕨山泉。山岩景观与精舍东廊之间有框景月门，清幽山气扑面而来，“水声晴亦雨，山气夏如秋”（图2-130）。厅中有匾“桃源在何许”，一问巧妙。

图2-130　萝坑精舍内部

❖ 西路种德庵建筑

玉岩堂西路建筑有门可进，名为种德庵，原为教师居住、学生读书之处。西厅分前后两进，不对称布置，中夹小庭，内杂植花丛灌木，有一石阶联系前后两进，富有意趣（图2-131）。

图2-131　种德庵内庭

❖ 候仙台、山高水长亭、文昌庙、招隐亭、金花庙等

自书院东北门出，路径跨越涧泉，在更广阔的空间下串联起周边的候仙台、山高水长亭、文昌庙、招隐亭、金花庙等建筑群。

2.6 三元宫（广州市越秀区，明崇祯十六年·1643和清康熙三十九年·1700扩建）

三元宫是历史悠久的道教宫观，是广州最大的道观，位于越秀山南麓。原名越岗院，始建于东晋大兴二年（319），唐改为悟性寺。明万历年间重修，崇祯十六年（1643）改建，始名“三元宫”。清康熙三十九年（1700）扩建，清乾隆五十一年（1786）、同治二年至七年（1863—1868）、光绪年间、1982年均有修葺。

相传三元宫前身是为祭祀南越王赵佗而兴建的南越王庙，俗称北庙。南越国灭亡后，北庙渐废。东晋大兴二年（319），身为道教徒的南海太守鲍靓在原北庙旧址建造了越岗院，作为修炼和传播道家学说的场所。鲍靓的女儿名潜光，世称鲍姑，在越岗院悬壶济世。后人为纪念鲍姑，在此立像祀奉，称鲍姑祠。越岗院建成后，在很长一段时间内是广州唯一的道观，但到了唐代，佛教发展迅猛，越岗院被改为供佛的悟性寺。

明崇祯十六年（1643），明钦天监来穗巡视时提出建议，天上三台列宿，应运照临穗垣，正照越岗院，应在越岗院中央加建一座三元殿，以应上天祥瑞之吉兆，极利五羊城。于是纷纷募捐扩建越岗院，改祀“三元大帝”，改名“三元宫”，三元宫内多种教派并存，反映了明代以后岭南三教合流的趋势。三元殿祀三元大帝，改鲍姑祠为配殿，始名“三元宫”。

清康熙三十九年（1700）住持杜阳栋在平南王尚可喜等人的资助下，先后扩建山门灵官殿、三元殿、钟鼓楼、吕祖殿、鲍姑殿、老君殿、玉皇殿、斗姥殿及道舍等建筑，使三元宫规模宏伟，成为岭南著名道教宫观。抗日战争期间三元宫遭破坏，后不久住持何诚瑞募化重修。二十世纪六七十年代再遭破坏，1982年起进行全面修复，现有灵官殿、三元大殿、鲍姑殿、吕祖殿、玉皇殿、老君殿及道舍等道教建筑近百间。三元宫为上元诞、中元诞、下元诞宗教民间节庆的主要活动场地。整体平面规模宏大，布局紧凑，灵官殿和三元宝殿等主要殿堂结构做法独树一帜，为岭南祠庙之精粹。

三元宫坐北朝南，依山而建，渐次升高，占地约5100平方米，现存各殿堂建筑总面积约2000平方米。主体建筑群中轴线上包括灵官殿（门殿）、三元宝殿（大殿）、老君宝殿。两厢自南而北，东厢为旧祖堂、斋堂、客堂、吕祖殿，西厢为钵堂、新祖堂、鲍姑宝殿等建筑。

建筑群地坪高差较大，前后分为三层台地。灵官殿及院落、厢廊（斋堂、钵堂）为第一层台地，前有28级台阶登至半山平台，再有13级台阶登入灵官殿（图2-132）。三元宝殿为第二层台地，宝殿心间及其两边各有14级、15级台阶登至。后殿为第三层台地，先有阶梯登至吕祖宝殿，再有阶梯登至最高地坪老君宝殿。

建筑群中各殿堂沉稳古朴，格局形制却有道教的灵动变化（图2-133～图2-136）。

图2-132　灵官殿前大台阶（区景升摄）

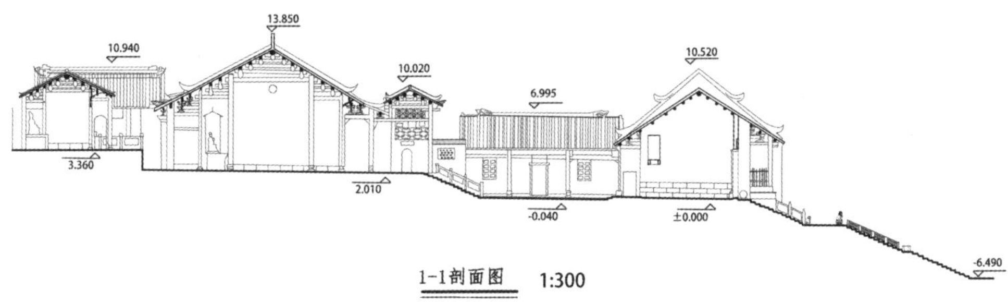

图2-133　三元宫1-1剖面图（苏元浩、区景升绘）

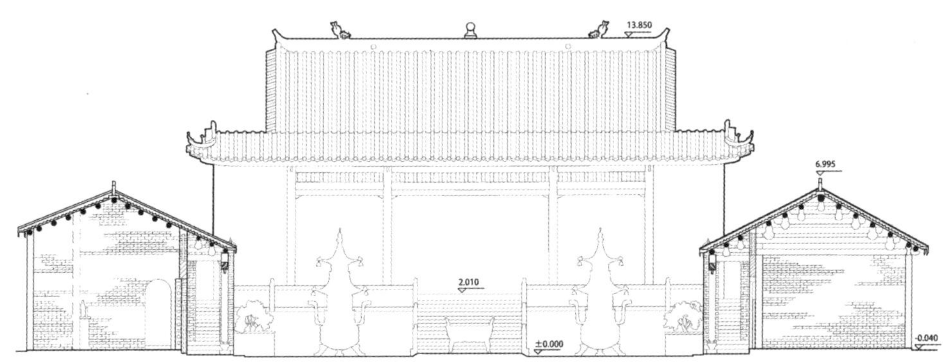

图2-134　三元宫2-2剖面图（曾梅青绘）

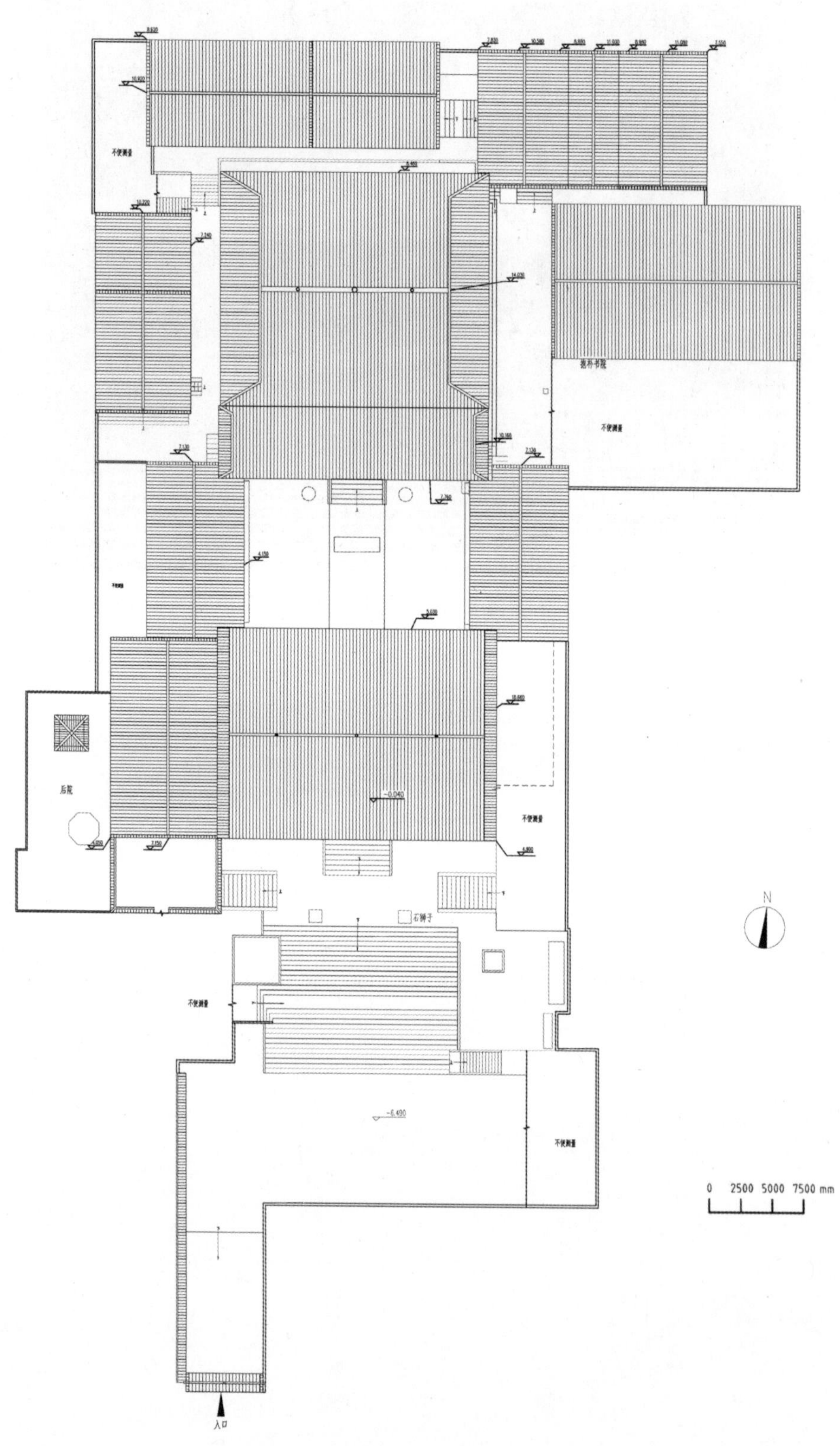

图2-135 三元宫总平面图（欧健龙、彭若彤绘）

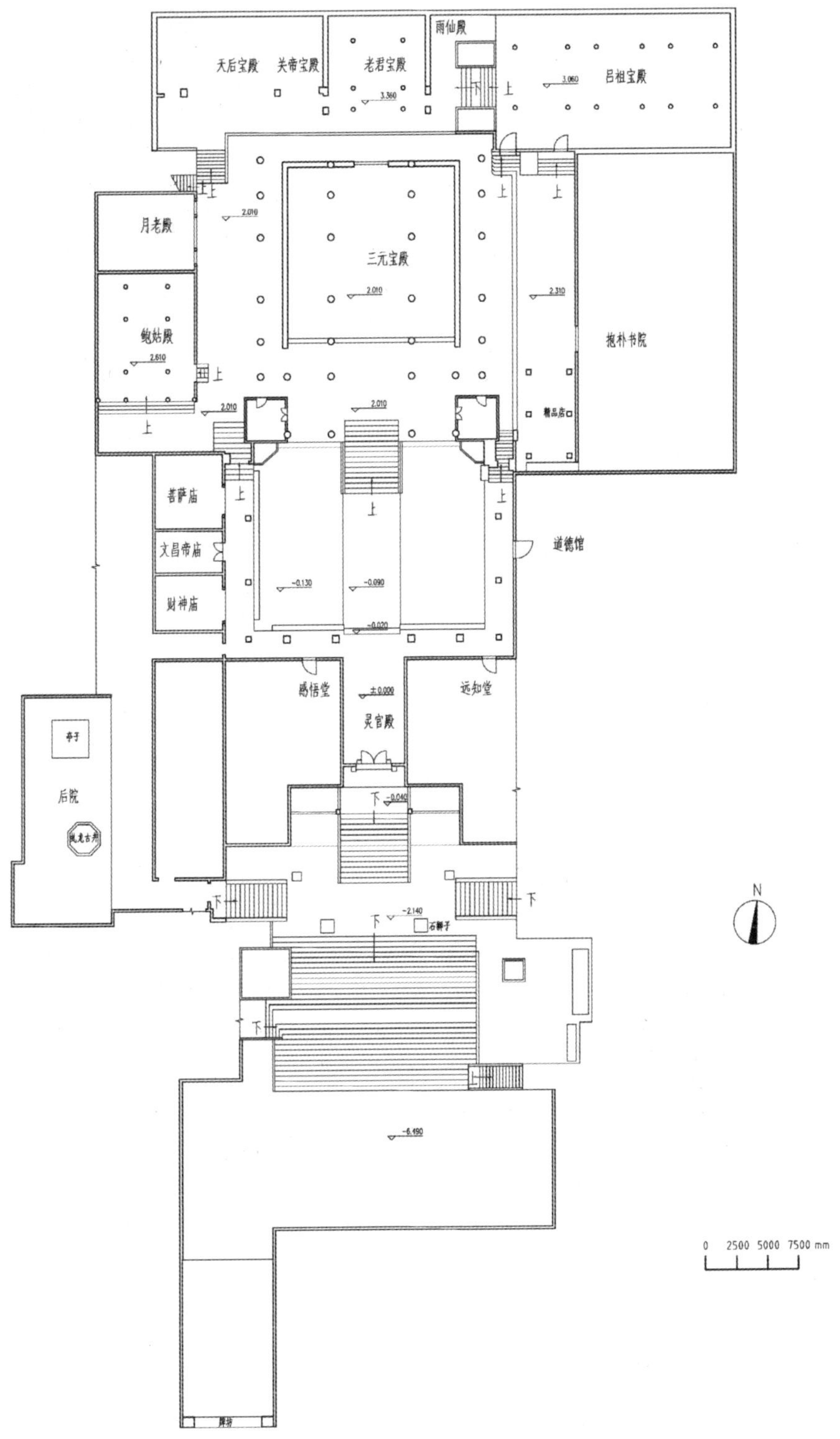

图2-136　三元宫首层平面图（欧健龙、彭若彤绘）

❖ 灵官殿

灵官殿是三元宫的门殿，为清乾隆五十一年（1786）建，位于半山，前有宽广台阶和半山平台，平台有一对石狮子，旁有高大古树。

图2-137　灵官殿塾台与前檐

灵官殿面阔五开间，中间三开间为13.5米，进深三间14.3米。殿前后高差大，心间有13级阶梯。一门两塾，心间凹斗门，次间与尽间为耳房，后部有檐廊，与两厢廊庑相接（图2-137）。硬山顶，人字山墙，灰塑龙船脊。十九檩，中部硬山搁檩，前檐心间与次间、后檐廊为插栱襻间斗栱梁架。前后檐柱为花岗石大方石柱，前后檐纵架均为木直梁（琴面），心间两朵木驼峰斗栱，次间一朵。前檐檐柱上部出木插栱，上以斗栱承托木梁头。檐柱上鳌鱼形插栱承托檐檩。

石门额上刻“三元宫”三字，大门两旁有石刻对联“三元古观，百粤名山”，为清同治二年（1863）重修时翰林院庶吉士游显廷所书，并有一对石鼓夹门（图2-138）。

殿内脊檩上有重修纪年“大清乾隆五十一年岁次丙午季冬吉旦全真住持道人黎永受募化重建立”。殿内空间较高，心间后部上方供奉神龛（图2-139）。灵官殿保存有六百多年历史的脊饰，宫内现存有观音石刻壁像、明末清初《三清图》和清穴位针灸石刻图等珍贵文物。

图2-138　灵官殿心间

图2-139　灵官殿后檐

❖ 三元宝殿及轩廊[1]（拜亭）、钟鼓楼

三元宝殿（图2-140）清同治七年（1868）重建，为建筑群核心，实为岭南建筑之瑰宝。殿前后高差大，心间有高大台阶，与轩廊和钟楼、鼓楼连成一体，木构架错落复杂，

[1] 轩是南方建筑中高敞栱曲的房间，附属于主体的卷棚式屋顶，类似于北方建筑的廊。轩廊是单体建筑最外围的前出廊结构形式。

形态格局特殊，独一无二。

三元宝殿（图2-141）面阔五间20.27米，进深五间16.85米，二十三架梁，歇山顶，前部有轩廊，两边有檐廊，插栱襻间斗栱梁架，四角为花岗石八角檐柱，其余为花岗石圆形檐柱，花篮形柱础，檐柱外插栱形式特殊，内外出栱且出挑幅度大，外端上以斗栱承挑檐檩，内端承梁。前檐柱与左右围廊檐柱连接处，由于靠近钟楼、鼓楼，增加下层梁枋以增强稳定性。宝殿灰塑龙船脊，上有琉璃宝珠、鳌鱼，碌灰筒瓦，绿琉璃瓦剪边。宝殿脊檩有重修纪年“大清同治七年戊辰仲冬全真住持道士黄宗性募化重建吉旦敬立”。金柱为坤甸木柱身、覆盆柱础。

图2-140　三元宝殿

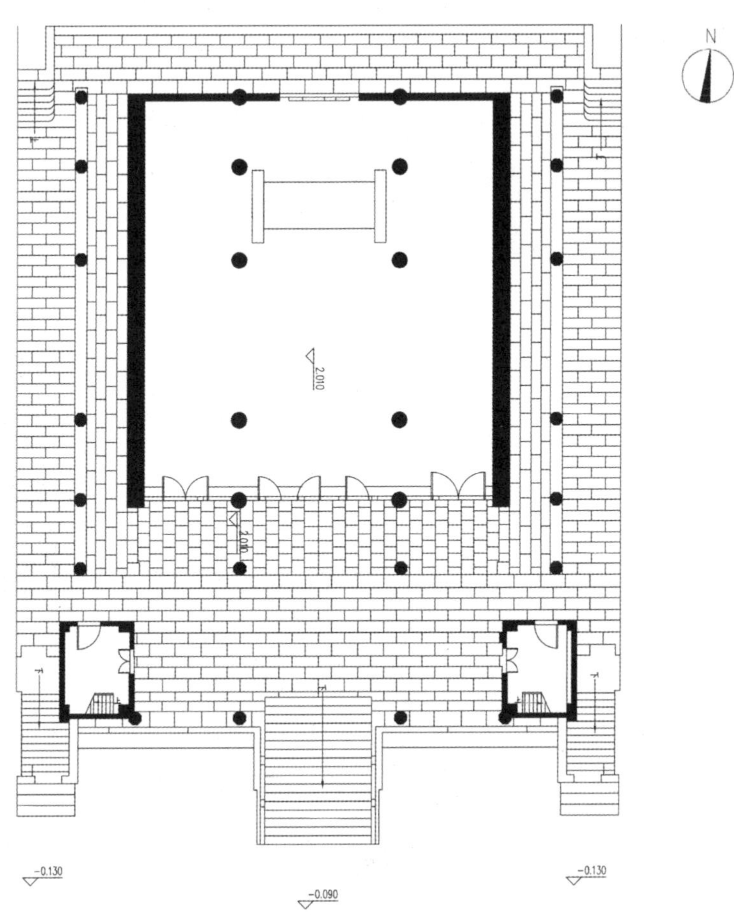

图2-141　三元宝殿首层平面图（区景升绘）

三元宝殿前设轩廊（拜亭），面阔五间，进深一间，八架卷棚歇山顶，减柱造，仅留前檐柱，梁架与后部三元宝殿檐柱搭接（图2-142）。瓜柱梁架，结构精巧灵动，下层梁架连接轩廊前檐柱与三元宝殿前檐柱，上层梁架支承轩廊卷棚顶，两层梁架间以一瘦长瓜柱承接。檐柱上内外出插栱，外端承挑檐槫，内端承梁。轩廊和钟楼、鼓楼屋顶结构为一体的卷棚歇山顶，与后部的宝殿歇山顶连为一体（图2-143、图2-144）。轩廊花岗岩圆形檐柱，纵架心间与次间均为木直梁，无驼峰斗栱。梢间为钟楼、鼓楼，钟鼓楼内分两层，上层于南立面开窗，下层北向分别开两门。

图2-142　三元宝殿殿前轩廊梁架

图2-143　三元宝殿与钟楼

❖ 老君宝殿

三元殿后为老君宝殿。老君宝殿面阔三间，进深三间，前檐柱为咸水石八角覆盆式，前檐心间与次间均为木直梁纵架。

❖ 鲍姑宝殿

三元宫除了正中的三元宝殿外，最为重要的便是鲍姑宝殿。如今，“鲍仙姑殿”已改名为“鲍姑宝殿”，位于三元宫西厢。鲍姑的灸术传了好几代人，直至明清两代，还有人乞取鲍姑艾灸术。鼎来初诗云：“越井岗头云作邻，枣花帘子隔嶙峋。乃翁白石空餐尽，夫婿丹砂不疗贫。蹩躃莫酬古酒客，龙钟谁济宿瘤人。我来乞取三年艾，一灼应回万古春。”

图2-144　三元宝殿围廊梁架

虬龙古井又名鲍姑井，位于鲍姑宝殿前的“抱一草堂”内，相传鲍姑当年治病用的就是这虬龙井中的泉水。据文献记载，“南海越秀山右有鲍姑井，犹存，其井名虬龙井，有赘艾（即红脚艾），藉井泉及红艾活人无算。”三元宫内有联：“就地取材红艾古井出奇方，妙手回春虬隐山房传医术。”在古井的北侧有“鲍姑亭”，也是为纪念鲍姑而设。

❖ 吕祖殿

吕祖殿于清同治元年（1862）重修，坐东朝西，三间两进，硬山顶，前殿前檐为驼峰斗栱梁架，不挑檐，其余为瓜柱梁架，全部柱子为圆木柱（图2-145）。中以卷棚顶拜廊连接，拜廊卷棚顶与前殿、大殿硬山顶之间有高差，留有一线天，可采光通风。拜廊以前殿、后殿檐柱支承，博古梁架。前殿脊檩上有重修纪年“同治元年岁次壬戌初秋住持道士黄宗性募化重修敬立”。

图2-145　吕祖殿屋架

2.7 仁威祖庙（广州市荔湾区，明—清）

仁威祖庙（图2-146、图2-147）始建于北宋皇佑四年（1052），初建时名“北帝庙”。元代、明代、清代多次重修、重建，其中清乾隆五十年（1785）、同治六年（1867）都进行过较大规模的重修。原只有中路和西路建筑，清乾隆年间增建东路建筑和后部两进建筑。1994年修葺中路第一进、第二进，包括门殿、拜亭、中殿和两廊等。1996年修葺中路第三进大殿和两廊等。2000年全面修缮。现有主体格局和结构构架为明末清初的遗存。

仁威祖庙（图2-148～图2-156）坐北朝南，建筑群分前后两部分，总占地面积约2000平方米。前部三路三进三开间，通面阔33.53米，通进深48.13米，占地面积1613.8平方米。中路中殿前有拜亭，左右路配殿与正殿之间有青云巷。后部为横贯三路的两进建筑，以后巷与前部分隔，后面原有后楼，现改建为混凝土结构建筑。

图2-146　煇[1]垣耀斗，应辅环枢（作者：丘希雯）

[1] 同“辉”。

图2-147　荔湾湖畔，仁威祖庙（作者：丘希雯）

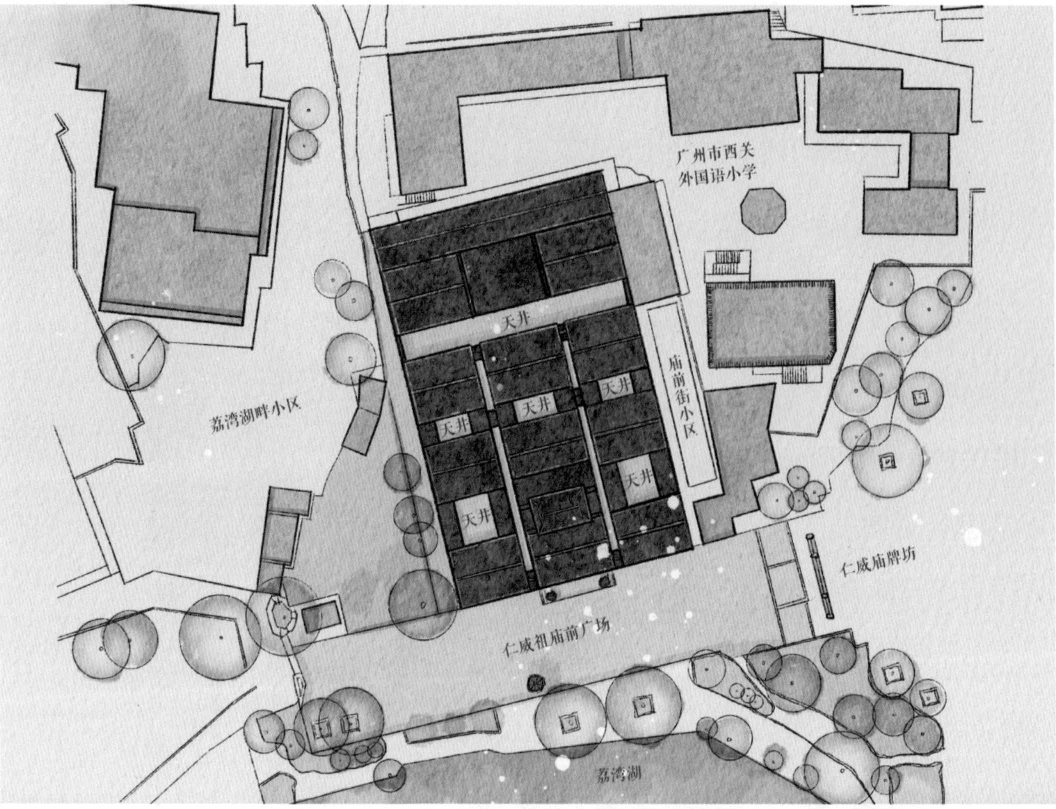

图2-148　仁威祖庙总平面图（丘希雯绘）

图2-149　仁威祖庙鸟瞰（林蔚韵摄）

图2-150　仁威祖庙航拍总平面（林蔚韵摄）

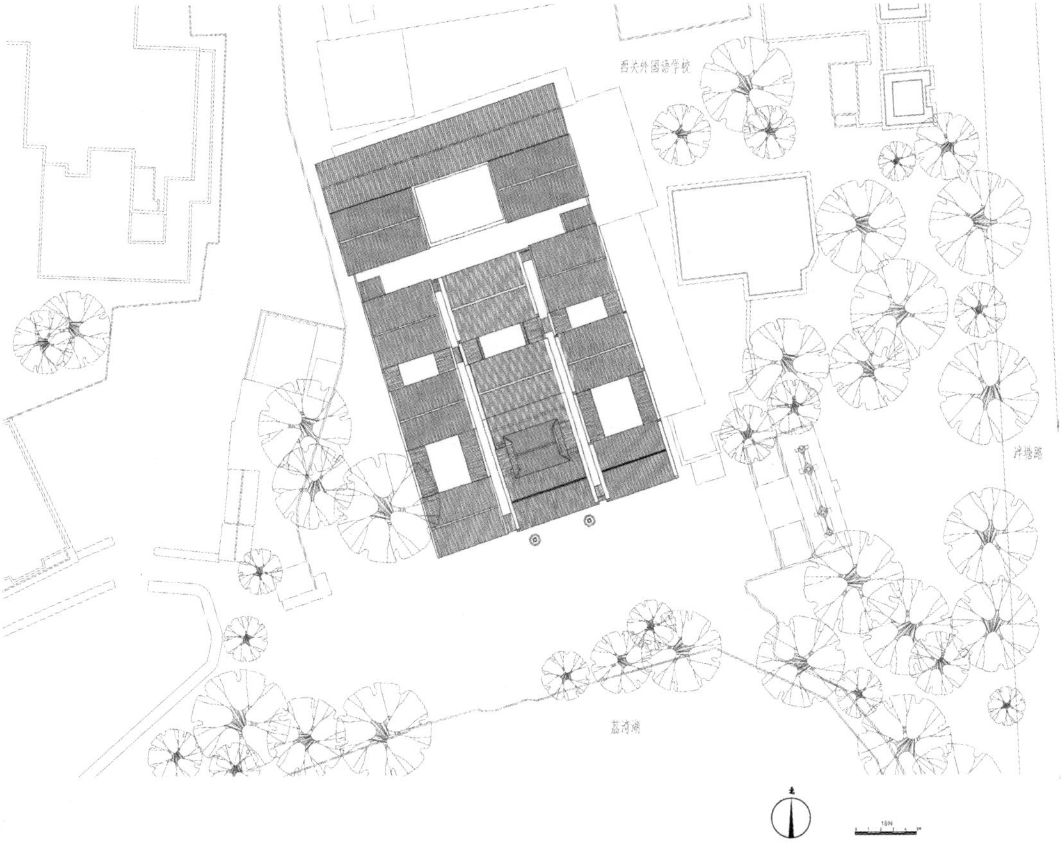

图2-151　仁威祖庙总平面图（林蔚韵绘）

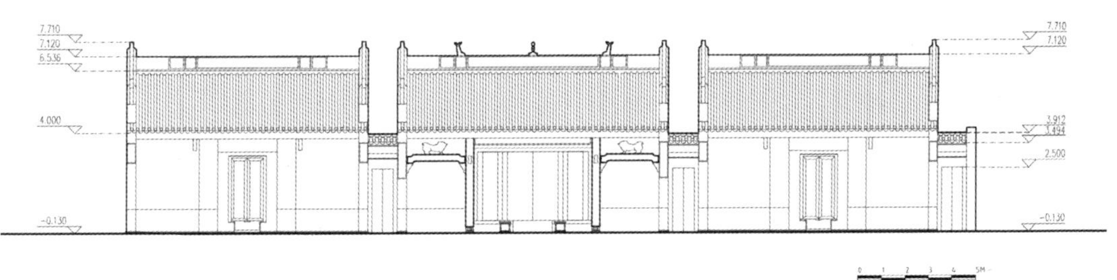

图2-152　仁威祖庙南立面图（刘宜姗绘）

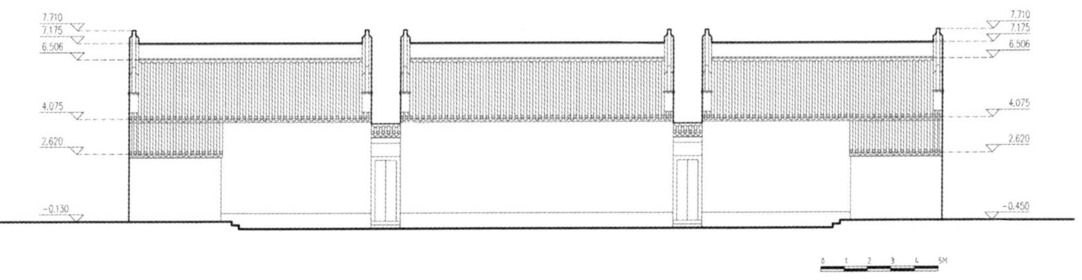

图2-153　仁威祖庙北立面图（王梦雅绘）

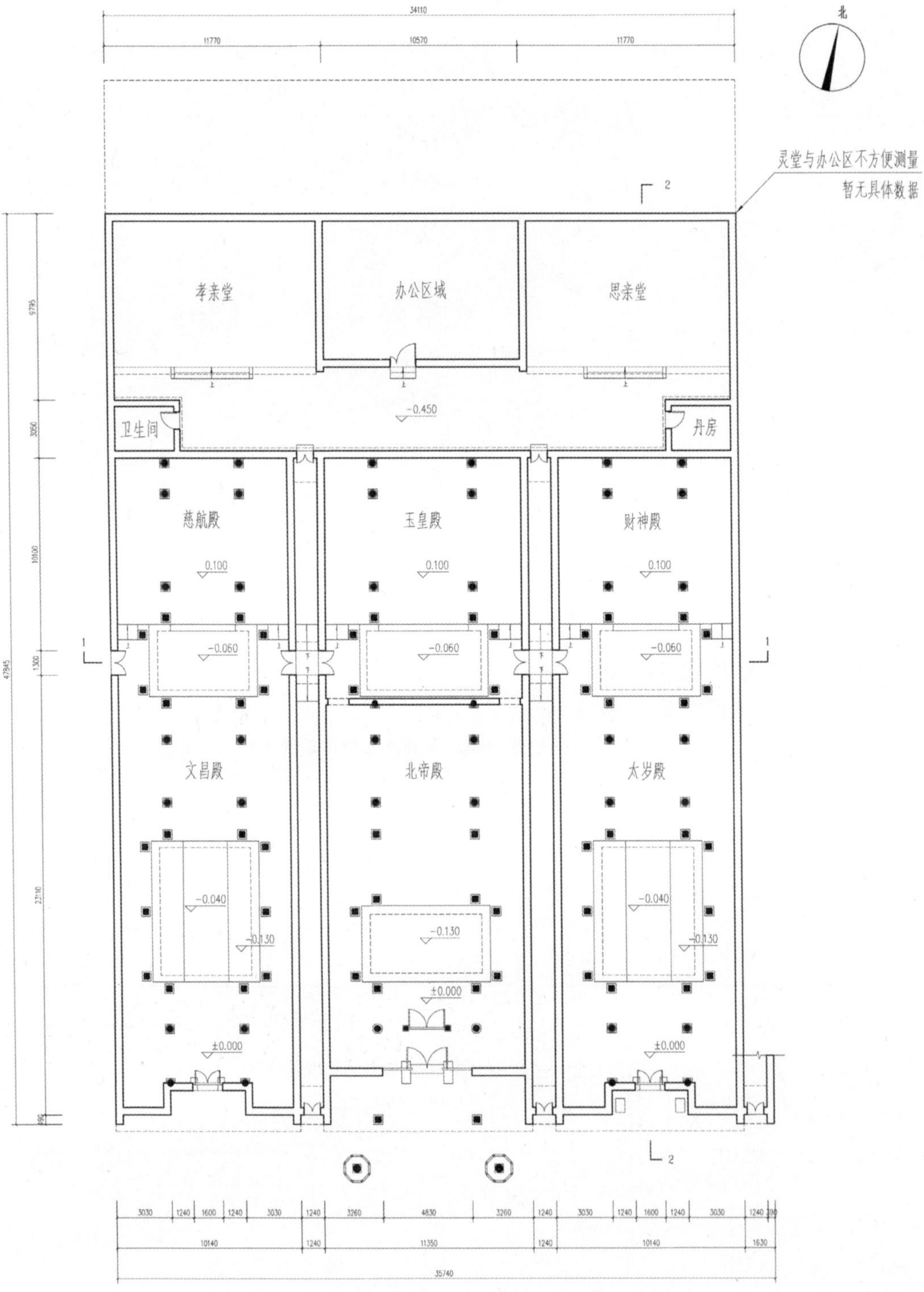

图2-154　仁威祖庙首层平面图（王梦雅绘）

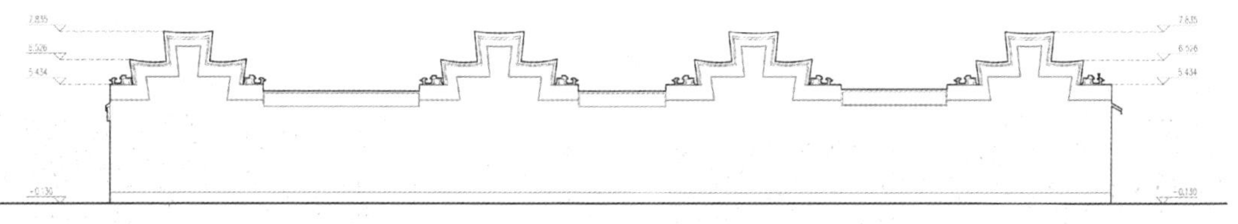

图2-155 仁威祖庙东立面图（刘宜姗绘）

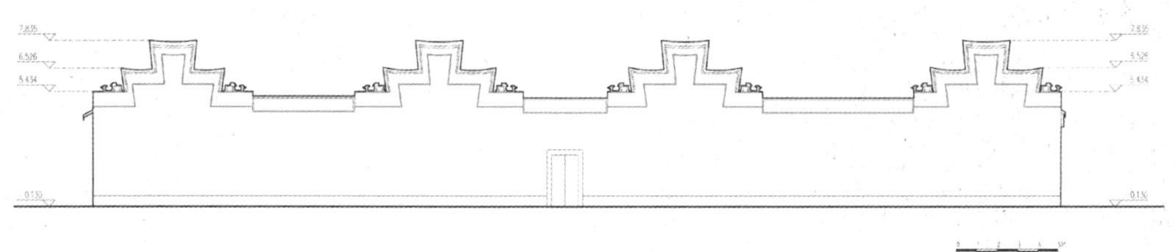

图2-156 仁威祖庙西立面图（刘宜姗绘）

建筑群硬山顶，土式山墙（五岳山墙），碌灰筒瓦，正殿蓝琉璃瓦滴水剪边，东西配殿绿琉璃瓦滴水剪边。中路建筑殿堂脊饰为人物陶脊，东西路建筑为灰脊。建筑群檐柱均为花岗石大方柱，不挑檐，金柱有柱櫍，覆盆式柱础。

建筑群陶脊、漆金封檐板精美，三雕两塑一画（木雕、石雕、砖雕、陶塑、灰塑、壁画）齐全，庙内现存碑刻30立方米。

❖ 中路“仁威祖庙”建筑（明—清）

中路“仁威祖庙”门殿外两侧各立一花岗岩盘龙华表，柱头雕狮子，柱身刻“道光八年”字样。中路建筑面阔三间，殿堂、两厢廊庑均有人物陶脊。

图2-157 仁威祖庙中路门殿陶脊

门殿进深三间九架，前、后檐驼峰斗栱梁架，中跨瓜柱梁架。门殿正脊为人物陶脊，上有双龙戏珠与鳌鱼，陶脊上有“文如璧造”及“同治丁卯年[1]”字样（图2-157）。门殿前檐花岗石大方石柱，石虾弓梁石金花狮子，木门面，漆金梁架，须弥座门枕石，门上棂子横披[2]，上悬“仁威祖庙”木匾（图2-158、图

❶ 同治五年（1866）。

❷ 横披是设置在槛窗、格扇上部或柱子之间上部的横向屏壁，常用棂子拼成各种图案花纹，一般用于较高大的厅堂、斋轩或庭园建筑，形式多样，外观典雅。在广东，因气候关系，常不安玻璃，既通风又美观大方。

2-159）。进门后有双扇屏门，屏门上悬“海不扬波”木匾，金柱柱础为八角鼓座形（图2-160）。

图2-158　仁威祖庙中路门殿门面

图2-159　仁威祖庙中路门殿前檐漆金梁架

图2-160　仁威祖庙中路门殿屏门与拜亭、中殿空间

中殿（图2-161）进深三间九架，驼峰斗栱梁架，前悬“播液发灵”金匾。中殿前有拜亭和轩廊。拜亭连接门殿与中殿轩廊，以门殿后檐柱和轩廊前檐柱支承，卷棚歇山顶，

与门殿、中殿之间留有一线天高差，八架瓜柱梁架（图2-162）。轩廊六架卷棚顶，驼峰斗栱梁架（图2-163）。

图2-161　圣殿烟岚（作者：郑俊扬）

图2-162　仁威祖庙中路门殿、拜亭与中殿轩廊空间

图2-163　仁威祖庙中路中殿与轩廊空间

后殿进深三间九架，前檐驼峰斗栱梁架，中后跨瓜柱梁架，后跨心间有佛龛。

第一进庭院（门殿与中殿之间）两厢廊庑与第二进（中殿与后殿之间）庭院两厢廊庑均有人物陶塑看脊（图2-164）和漆金封檐板，但第二进廊庑的陶塑看脊为新造。

图2-164　仁威祖庙中路第一进东廊陶塑看脊

❖ 东路“熚垣耀斗”建筑（清乾隆五十年·1785）、西路“应辅环枢”建筑（明—清）

东西路“熚垣耀斗”和“应辅环枢”建筑形制基本一致，面阔三开间，门殿正立面形

制完全对应，均为凹斗门，方形朴素门枕石（图2-165）。“煇垣耀斗”和“应辅环枢”八个字据传是清代进士、书法家宋湘书写（图2-166）。东西路门殿次间均出插栱承托漆金封檐板，东路插栱为凤形，西路插栱为麒麟形（图2-167）。东西路门殿的简朴衬托出檐部装饰的豪华和中路建筑的重要性。东路门殿中后跨瓜柱梁架精致，瓜楞柱形态，中跨梁架下部增

图2-165　东路“煇垣耀斗”门殿

图2-166　东路“煇垣耀斗”（右）、西路“应辅环枢”（左）

（a）西路“应辅环枢”门殿麒麟形插栱

（b）东路“煇垣耀斗”门殿凤形插栱

图2-167　不同形状的插栱

加椂子横披，极具观赏性（图2-168）。东西路第一进庭院（门殿与中殿之间）均有花岗石甬道。

东西路中殿进深三间九架，驼峰斗栱梁架，后跨心间有佛龛（图2-169）。

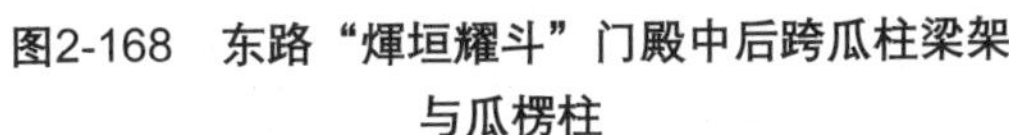

图2-168　东路“熚垣耀斗”门殿中后跨瓜柱梁架与瓜楞柱

图2-169　东路“熚垣耀斗”中殿与前庭

东西路后殿进深三间十一架，前跨驼峰斗栱梁架，中后跨瓜柱梁架，后跨心间有佛龛（图2-170、图2-171）。

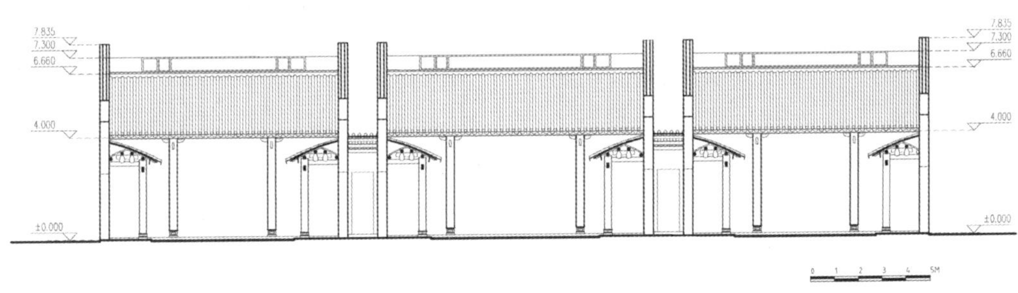

图2-170　仁威祖庙1-1剖面图（刘宜姗绘）

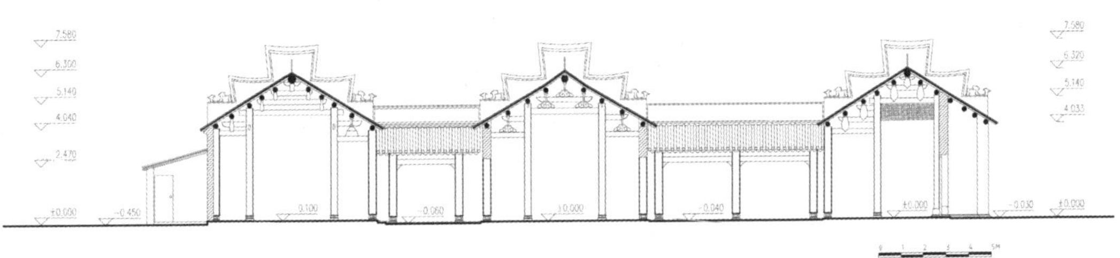

图2-171　仁威祖庙2-2剖面图（东路“熚垣耀斗”建筑）（林蔚韵绘）

2.8 锦纶会馆（锦纶堂）（广州市荔湾区，清雍正元年·1723）

锦纶会馆又名锦纶堂，始建于清雍正元年（1723），道光二十四年（1844）重修，是清代至民国期间广州丝织行业会馆。锦纶会馆原是旧广州丝织行业股东公会的会馆，同时具有先贤祠的功能，是一座清代的祠庙式建筑，为当时广州纺织业聚会、议事的场所，是广州具有300多年历史、唯一完整保留的行业会馆。丝织业的几百家商号行商集会于此，商定商品的规格、市场等，并通过会馆南面的十三行，将产品通过海上丝绸之路远销南洋、西欧以及北美。

雍正年间，当时广州数百家丝织业主共同出资兴建锦纶会馆，供奉“锦纶行”（丝织业）祖师“汉博望张侯”，即出使西域的张骞。清代这里曾是广州丝绸商人云集的大本营，他们在这里聚会、议论商贸、祭祀丝织行业祖师，同时还不忘看戏怡情。锦纶会馆见证了海上丝绸之路起点之一的广州在资本主义经济萌芽阶段的一段繁荣历史。

锦纶会馆（图2-172～图2-182）现存主体面积700平方米，坐北朝南，现为三路三进祠庙式建筑。在创建初期只有一路两进三开间，重修扩建增加了第三进，并添建东西路衬祠、偏厅等部分，形成东、西、中三路布局。中路为门厅、中堂、后堂；东路前为青云巷，后有东厢和藏书阁；西路则包括衬祠、西厢和厨房等。中路三殿均为硬山顶，镬耳山墙，正脊皆为陶塑花脊，上饰“鳌鱼护珠”；西路厢房比较朴素，均为硬山顶，人字山墙，平屋脊无装饰。会馆先后经历过五次修缮，2001年，广州修建康王路时，将会馆整体移动。

锦纶会馆有20平方米共22块碑石，是会馆的精华，镶嵌在第一进院落两厢廊庑墙壁上。这些碑刻自雍正年间至民国，除宣统年外各纪年齐全，记录了会馆的始建、扩建、重修以及行业状况等，是研究清代资本主义萌芽和广州丝绸贸易发展史的重要实证。

图2-172　锦纶会馆航拍（朱鋆摄）

图2-173　锦纶会馆总平面航拍（朱鋆摄）

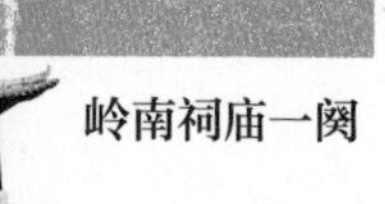

图2-174　锦纶会馆模型（朱蓥建模）

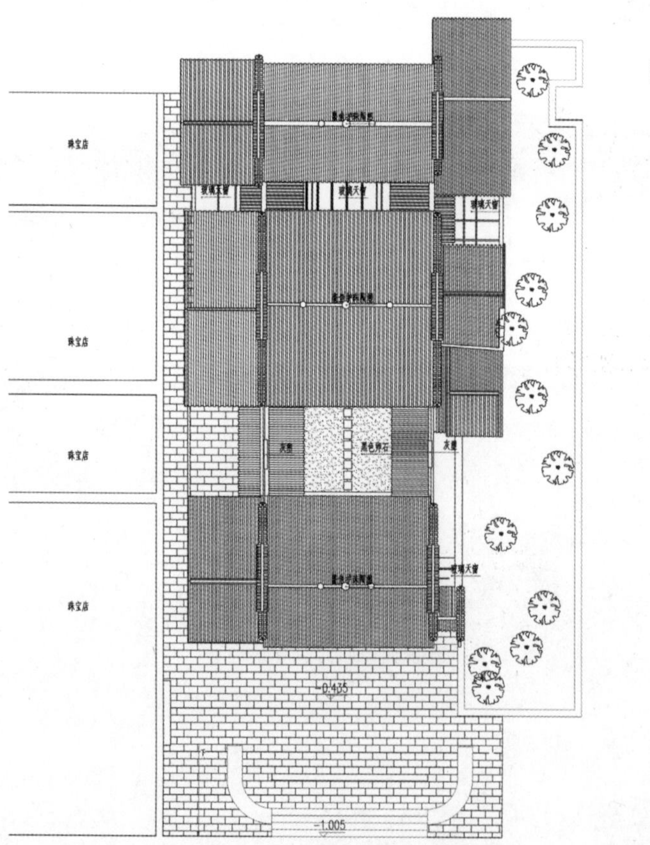

图2-175　锦纶会馆总平面图（朱蓥绘）

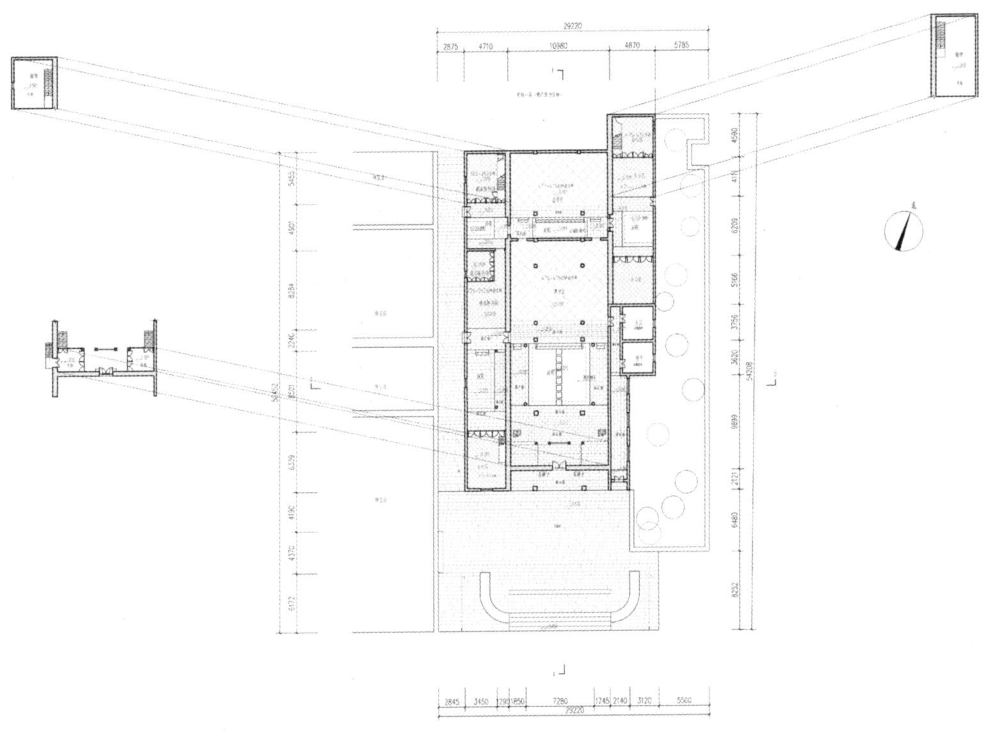

图2-176　锦纶会馆首层平面图（罗泊麟、范泽生绘）

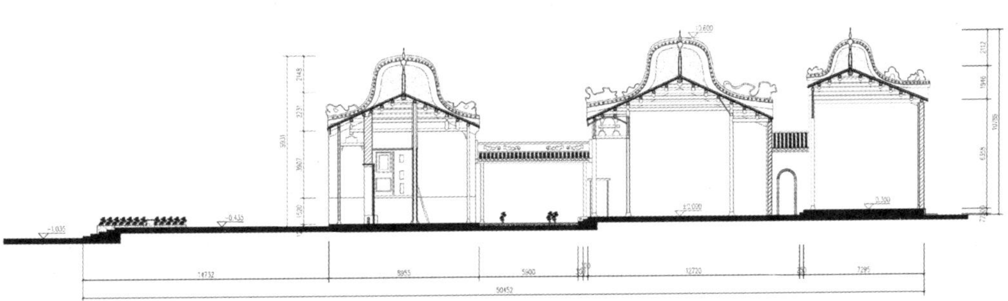

图2-177　锦纶会馆1-1剖面图（冯麒桦绘）

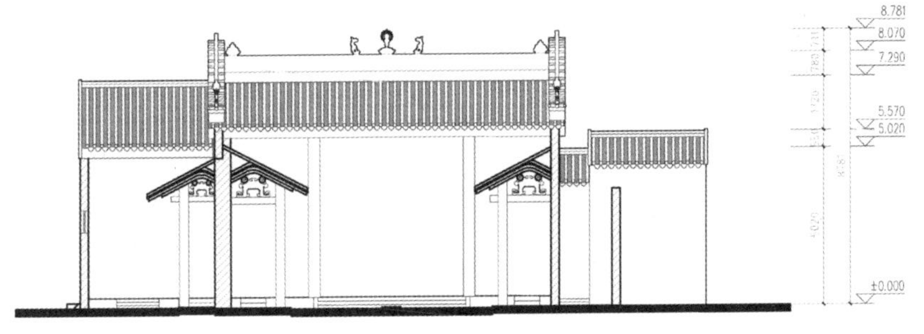

图2-178　锦纶会馆2-2剖面图（黄雅雯绘）

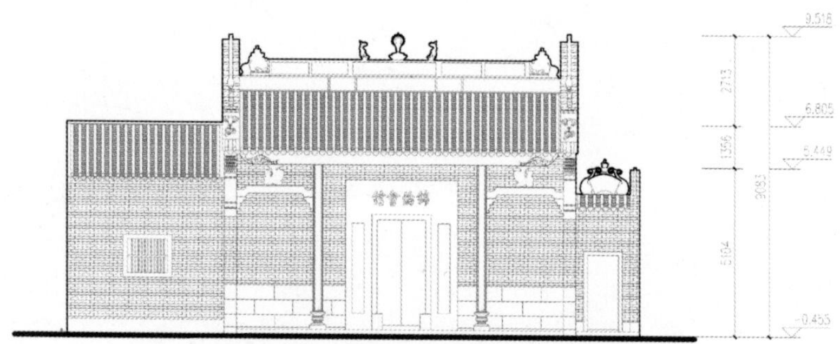

图2-179　锦纶会馆南立面图（郭龙杰绘）

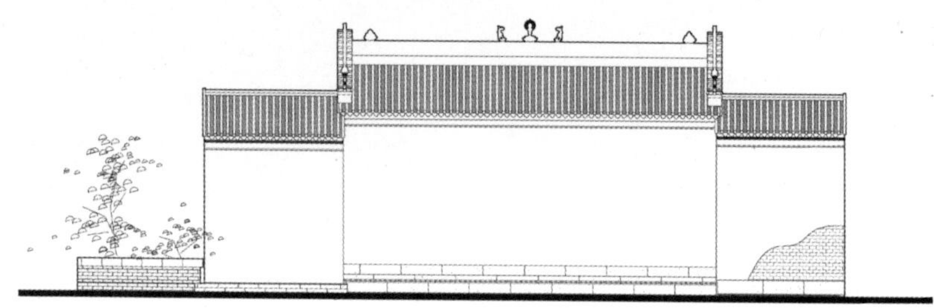
图2-180　锦纶会馆北立面图（黄雅雯绘）

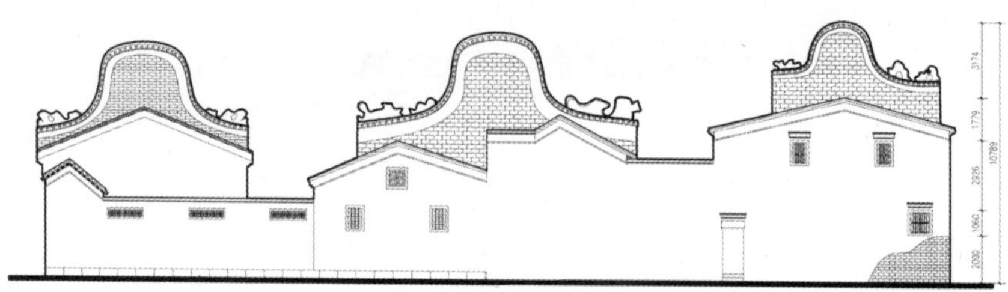
图2-181　锦纶会馆东立面图（黄雅雯绘）

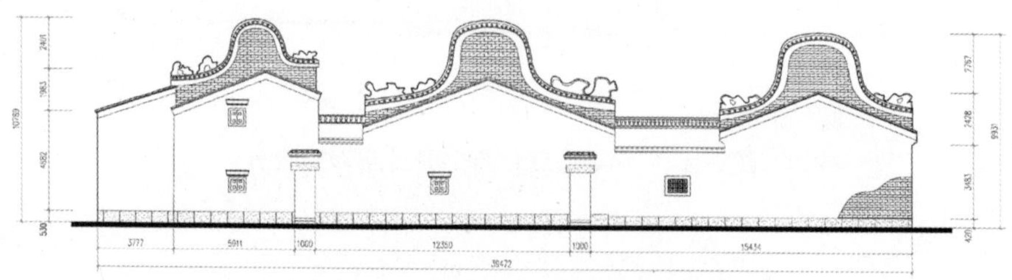
图2-182　锦纶会馆西立面图（冯麒桦绘）

❖ 门堂

门堂（图2-183）典型晚清风格，面阔三间，进深三间十三架，小方石檐柱，前檐次间石虾弓梁石金花狮子，砖雕墀头损坏严重。石门面，门额石刻行书“绵纶会馆”四字，几案形门枕石。

门堂东部为青云巷，脊饰灰塑金蟾；西部有朴素的衬祠。

门堂内有双扇镂雕屏门，内墙有高大红砂岩墙基，中跨左右两侧上部有两个面积只有五六平方米的小阁楼，称金银小楼（图2-184）。金银小楼靠两墙与一柱支承，前有木梯登上。这是当年粤曲表演时化妆、更衣的空间。锦纶会馆拜祖师或聚会议事之时，常请戏班唱戏，门堂背面临时搭建戏台，中堂及院落便成临时观众席，小阁楼就作为后台准备。阁楼一侧有小门出入。

图2-183　锦纶会馆门堂

两厢廊庑檐柱为圆石柱，西厢廊庑檐柱下仿梭柱收分，鼓形柱础雕刻精美纹饰。

❖ 中堂“锦纶堂”

中堂“锦纶堂”（图2-185、图2-186）承担着议事厅的功能。“锦纶堂”进深三间十五架，前有卷棚顶轩廊，轩廊驼峰斗栱梁架，中后跨瓜柱梁架。金柱有柱櫍，花篮式柱础。墙楣上原有壁画，现已不存。

图2-184　锦纶会馆屏门与金银小楼

图2-185　天下锦纶（作者：冯麒桦、罗泊麟）

图2-186　中堂“锦纶堂”

❖ 后堂

后堂是后来添建，面积相对狭窄。后堂正中原来是“先师张骞”像，会馆同时具有先贤祠的功能。张骞在西汉时出使西域，将中国的丝绸、丝织品传至国外，被当时丝织行业的从业人员称为“祖师爷”。后堂前檐有数百个贝壳薄片拼镶的横披（蠡壳窗），贝壳磨薄至半透明，镶嵌在棂子中，光线透射下有一种迷幻之美。

2.9 五仙观（广州市越秀区，明洪武十年·1377）

广州别名羊城、穗城，均来源于五仙骑五羊降临广州的神话传说。晋顾微《广州记》载：“六国时广州属楚，高固为楚相，五羊衔谷至其庭，以为瑞，因以五羊名其地。”元吴莱《南海古迹论》：“楚高固时，有五仙人，人持谷穗，一茎六出，乘羊衣羊，具五方色，遗穗州人，羊化石，仙人腾空去。”五仙被视为谷神、城市守护神，五仙观即是供奉五位仙人的道观。从五仙观（图2-187）现存的后殿来看，和广州其他道观建筑相比，其采用官式做法，等级较高。

五仙观始建年代不详，观址曾多次变迁、重建。北宋时在十贤坊（今广州北京路一带），南宋后期及元代迁至药洲，明洪武元年（1368）旧观被烧毁，洪武十年（1377）迁至今址。明成化十年（1474）及清雍正元年（1723）都有重修。原颇具规模，至民国12年（1923）占地面积仍有4600多平方米。

现中轴线上有“五羊仙迹”牌坊、门殿、后殿、钟楼（岭南第一楼）等建筑（图2-188）。历史上的五仙观建筑群还包括三元殿、玉皇阁、穗石洞等建筑和景观。观内东侧有“仙人拇迹”，为原生红砂岩上的一个脚印状的凹穴，为古代珠江水冲蚀而成，是晋代坡山古渡的遗迹。明清两代曾先后以“穗石洞天”和“五仙霞洞”列入羊城八景。

❖ “五羊仙迹”牌坊

牌坊南北向，三间三楼木石结构，明间重檐庑殿顶，次间单檐庑殿顶，绿琉璃瓦，顶层正脊上有陶塑鳌鱼和宝珠。面阔三间，进深两间，十二柱。明间下层正中南向悬“五羊仙迹”木匾（图2-189、图2-190）。次间有台基，每边台基上立六柱，进深两间，均为圆木柱，柱上出插栱。心间两层檐下均施斗栱，下面两层檐下还有装饰的人字形斗栱。木梁架与斗栱施黑釉。

“五羊仙迹”牌坊和门殿两侧有廊庑围合。

图2-187　仙迹寻幽（作者：罗茜）

图2-188　东院看中轴线上的后殿和钟楼（谭丽欣摄）

图2-189　五羊仙迹（作者：谭丽欣）

图2-190　“五羊仙迹”牌坊

❖ 门殿（清）

现存门殿为清代建筑风格，面阔三间，进深二间十一架，绿琉璃瓦硬山顶。门上“五仙古观”石匾为清同治十年（1871）两广总督瑞麟所题。门殿后是中殿遗址及后殿。

❖ 后殿（明嘉靖十六年·1537）

后殿（图2-191）建于明嘉靖十六年（1537），是广州现存最完整的明代建筑，具有典型的明代官式建筑特征，有一些方面体现了宋代风格。面阔三间12.4米，进深三间10米，高8米余。屋面举折柔和，坡度下缓上陡，檐口曲线平顺柔和。重檐歇山顶，正脊陶塑博古脊，垂脊陶塑龙船脊，绿琉璃瓦。依靠生木头的使用和仔角梁前端的上弯使翼角生起，使屋面成为双曲面，产生优美曲线。

图2-191 后殿（谭丽欣摄）

后殿平面双槽，檐柱和金柱皆为圆木柱，有柱櫍，红砂岩覆盆柱础。金柱支承上檐，七架椽。下檐施乳栿[1]，檐柱出两跳插栱承托挑檐檩。上檐明间平身科四攒，金柱上有柱头科，次间立童柱，上承转角科，均为六铺作三杪斗栱。下檐心间两攒斗栱、次间一攒斗栱。心间开六扇门，次间各开一窗。

脊檩有“时大明嘉靖十六年龙集丁酉十一月二十一日丙申吉旦建”字样。四椽栿及乳栿做成月梁，驼峰斗栱承接梁架，用“S”形叉手、托脚。

❖ 钟楼（岭南第一楼）（明洪武七年·1374）

钟楼位于后殿之后，坐落在坡山之巅，始建于明洪武七年（1374），比广州镇海楼还要早七年建造，清人屈大均称之为“岭南第一楼”。其上部木构建筑曾毁于火患，现存者为清乾隆年间重建，其下部基座仍为明洪武年间原物。

钟楼坐北朝南，宛如城楼，分为上、下两层。下层以红砂岩砌筑而成，宽14米，深12米，高7米，中间为拱券洞门，前后贯通。上层为木结构，宽11.8米，深9.7米，重檐歇山顶，脊檩刻有“乾隆五十三年重建”字样。楼上铜钟为洪武十一年（1378）所铸，钟体铸篆文：“大明国洪武十一年岁次戊午孟春十八日辛卯广东等处承宣布政使司铸造”，钟下是该楼中心的方形大井，能产生共鸣，“扣之声闻十里”。此钟只有遇到火警等灾难时才撞击鸣钟，平时禁止撞钟，故称之为“禁钟”，所以该楼又称为“禁钟楼”。禁钟楼不是五仙观内的配置，而是广州古城的配置，即古代城市的钟楼，现址是先有钟楼，而后再创

[1] 宋式名称。栿指梁，乳，言其短小。乳栿是较短小的一种梁，相当于清式的双步梁。

五仙观。

2.10 西山庙（关帝庙）古建筑群（佛山顺德大良西山东麓，明嘉靖二十年·1541）

西山庙原名关帝庙，因建于顺德西山（凤山）麓上，故又名“西山庙”，始建于明嘉靖二十年（1541），历代均有重修、扩建，现为清光绪年间（1875—1908）重修格局，1985年重修。整体布局灵活多变，充分利用自然环境，门殿、中殿等做法不拘一格，为岭南祠庙之精粹。

西山庙（图2-192、图2-193）坐西南向东北，依山构筑，总面积约6000平方米，主体建筑沿纵轴线排列有山门、前殿、正殿三部分。其布局完整，灵动多样，古朴雄浑，历史上凤城八景中之“凤岭朝晖”“鹿径榕阴”“万松鹤舞”三个景区均依连于此。

西山庙右侧为三元宫，两庙相通。三元宫始建年代不可考，现存建筑风格为清代风格，1985年重修。右山坡上有碑廊一座，内有顺德古碑刻十八通，既有记录顺德水利史料的《通乡筑碑记》和《几美坊浚河碑》，又有反映划龙舟历史的《压尽群龙》碑刻，还有反对鸦片毒害的《防御英夷碑记》等。

西山庙整座殿堂柱子截面形式有圆形、方形（竹节形抹角、海棠抹角）等，木柱有柱櫍，柱础有覆盆[1]、四方、八角、花篮形等。庙内墙壁檐头多有砖雕、灰塑、陶塑及壁画。

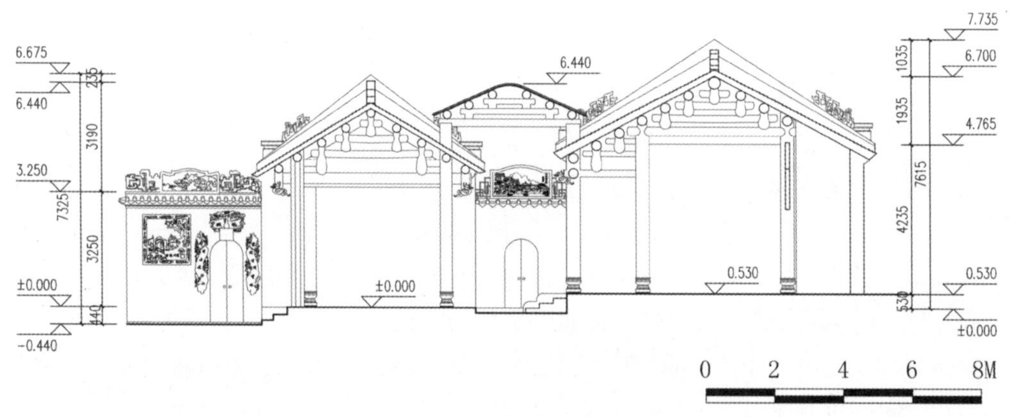

图2-192 西山庙中殿、后殿剖面图

图片来源：刘育焕、马泽桐、曹爱芳、王捷达、叶达权、文亚玲、丘小圆、吴桂阳、林耀安绘（周彝馨广府古建筑技能大师工作室）

[1] 柱础的露明部分加工为枭线线脚，使之呈盘状隆起，如盆的覆置，故名覆盆。唐至元多用这种形式。

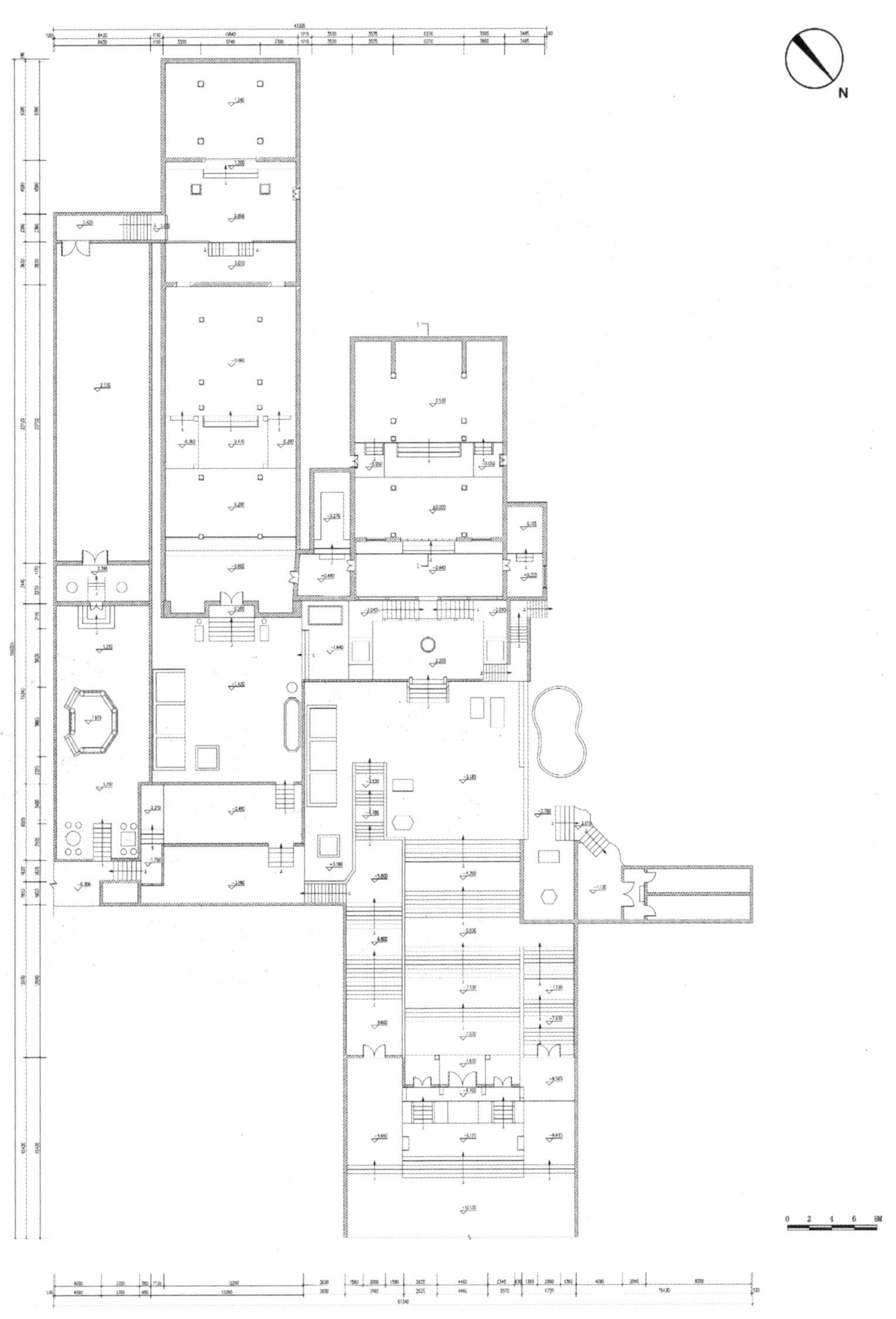

图2-193　西山庙古建筑群（西北部为西山庙，东南部为三元宫）首层平面图

图片来源：刘育焕、马泽桐、曹爱芳、王捷达、叶达权、文亚玲、丘小圆、吴桂阳、林燿安绘（周彝馨广府古建筑技能大师工作室）

❖ 山门

山门面阔三间19.53米，进深一间3.05米，前开三门，为阙门形式（图2-194、图2-195）。山门两侧是左右衢门，原有蹬道通往后山。

图2-194 西山庙山门

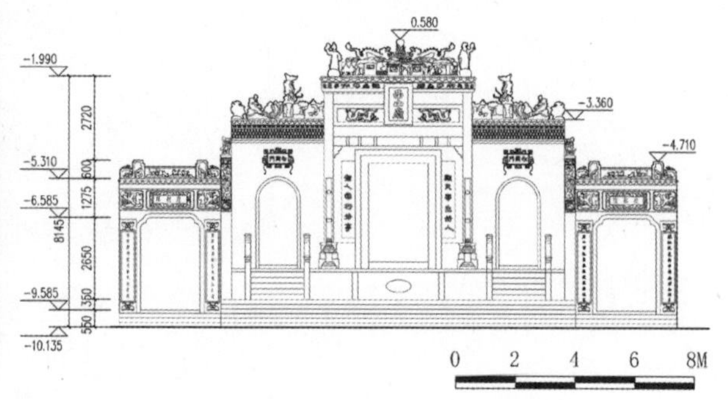

图2-195 西山庙山门立面图

图片来源：刘育焕、马泽桐、曹爱芳、王捷达、叶达权、文亚玲、丘小圆、吴桂阳、林燿安绘

图2-196 西山庙山门背面

山门建于12级阶梯之上，前有清代大石狮一对，连底座高约2米。心间方形大门，门前有团龙石陛。中部阙门高于两侧，形成心间高次间低的三条正脊，脊饰石湾陶脊，心间正脊中有晚清时石湾文逸安堂[1]之陶塑，双面有“三顾茅庐”“夜读春秋”“仿水镜”“收关平”“卧牛山”等五组三国演义故事题材，上有双龙戏珠、鳌鱼等，两端饰日神月神。门额悬“西山庙”金漆木雕竖匾，门旁对联：“愿天常生好人，愿人常行好事。”门楣有砖雕“渭水求贤”“麟凤朝阳”“太狮少狮”三个题材。次间为拱形门，门楣上门额分别刻有“左阙门”和“右阙门”字样，左右次间各有阶梯相对。整个山门石雕、砖雕、陶塑、灰塑齐全。

左右衢门门楣上石刻“鹿径榕阴”和“凤岭朝晖”（清代“顺德八景”之二），背面刻“排闼青来”和“大观在上”（图2-196）。

---

❶ 文如璧开创。

❖ 前殿

前殿、正殿依山势矗立在数十级宽阔的石阶之上，殿前平台建于两级高大石台基之上。平台两侧有门进入前殿两侧偏殿观音堂（前殿西北侧）和罗汉堂（前殿东南侧），门墙上有“桃园结义”“老子出关”等陶塑和“晚霞西照”等灰塑。硬山顶，陶塑博古脊，绿琉璃瓦当、滴水[1]剪边。

图2-197　西山庙前殿

前殿（图2-197、图2-198）建筑面阔三间13.34米，进深一间七架4.43米，灰塑博古脊，上有二龙争珠。前檐有檐墙，檐墙上出插栱挑承挑檐檩。心间木门面，悬蓝底金字“乾坤正气”木匾，门联“积德为福，作善降祥”。殿内挂“万世人极”篆书牌匾，石柱刻有“光绪岁次乙未仲秋吉旦”。

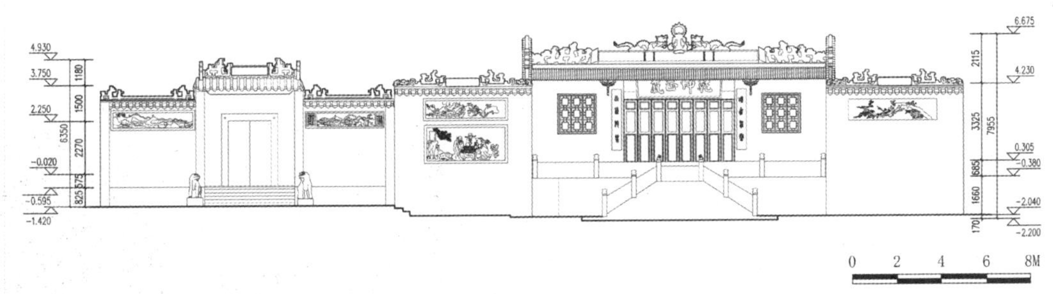

图2-198　西山庙前殿（右）立面图

图片来源：刘育焕、马泽桐、曹爱芳、王捷达、叶达权、文亚玲、丘小圆、吴桂阳、林耀安绘（周彝馨广府古建筑技能大师工作室）

❖ 正殿

正殿前有拜亭，六架卷棚歇山顶，以正殿后檐柱与正殿前檐柱支承。

正殿面阔三间14.34米，进深三间8.5米，前檐为三步廊，后跨为三檩硬山搁檩，中跨七架梁。石檐柱不挑檐，纵架为木直梁。殿内金柱有三副对联，其中之一为“忠孝仁勇照环宇，义礼廉节贯乾坤”，其中一联上款“光绪乙未秋谷旦”，下款“沐恩后学陈官韶[2]偕男锡璋、锡稼敬献”。后跨心间供奉关羽铜像，为清代早期作品，高两米，重3000斤，右侧为神态威严的持刀周仓立像，左侧有神态庄重的捧印关平立像。

---

❶ 瓦沟最下面一块特制的瓦。大式瓦作的滴水向下曲成如意形，雨水顺着如意尖头滴到地下；小式的滴水则用略有卷边的花边瓦。

❷ 陈官韶，字慈云，大良人，光绪戊子（1888）举人，曾任陕西白河知县。

2.11 真武庙（大神庙）（佛山顺德容桂外村二街，明万历九年·1581）

真武庙俗称大神庙，背倚狮山。始建年代不详，明正德年间（1506—1521）塌毁，万历九年（1581）重建，清康熙年间（1662—1722）、嘉庆甲戌（1814）、1989年、2014年等多次重修。整体布局紧凑，错落有致，门殿、水庭等结构做法独树一帜。

庙前原有棂星门[1]一座，现已毁。

庙三进三开间，占地面积约400平方米（图2-199、图2-200）。庙内木柱均粗壮，有柱櫍，覆盘式柱础，柱础宽高比极大，为明代特征。

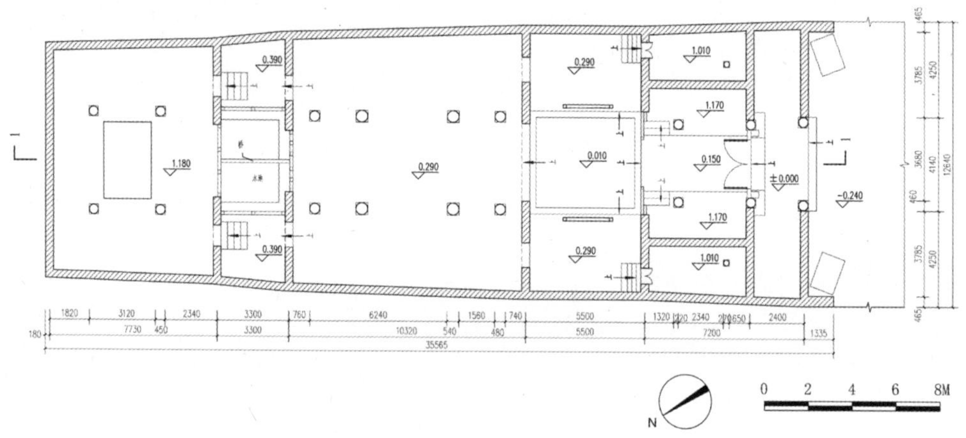

图2-199　真武庙首层平面图

图片来源：刘育焕、马泽桐、王捷达、曹爱芳、丘小圆、文亚玲绘（周彝馨广府古建筑技能大师工作室）

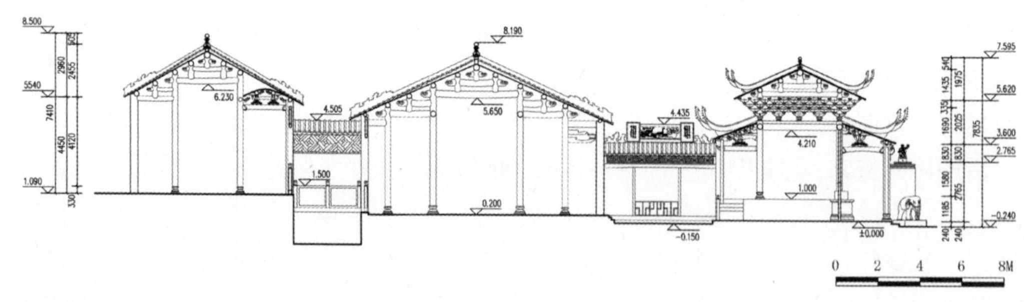

图2-200　真武庙剖面图

图片来源：刘育焕、马泽桐、王捷达、曹爱芳、丘小圆、文亚玲绘（周彝馨广府古建筑技能大师工作室）

[1] 即孔庙大门。古代传说棂星为天上文星，以此名门，有人才辈出之意。原为木构建筑，后为石构建筑。

庙内现存《桂洲真武庙碑记》一块，明万历癸巳（1593）刻，《重修工资碑》十块，嘉庆甲戌（1814）刻。

❖ 门殿

门殿（图2-201）极具特色，面阔三间，进深三间，重檐歇山顶，屋面为双曲屋面。心间为双柱单间单楼牌坊式，前檐柱为八角咸水石柱，后檐柱为方形红砂岩柱。心间开敞，前后檐次间均外加檐墙。前檐檐墙为三段式[1]照壁形制，墙楣上有砖雕装饰，两侧再接八字照壁，照壁前有一对石象。上层屋檐檐下木构为如意斗栱，层层叠置，造型古雅别致。木门面，咸水石、红砂岩结合的高大方形门枕石。殿内有平棊[2]。

图2-201　真武庙门殿三维模型（周彝馨广府古建筑技能大师工作室）

图2-202　真武庙中殿与后殿之间水庭与灯芯桥

❖ 中殿、后殿

中殿名曰“北极殿”，硬山顶，瓜柱梁架。中殿木匾“真武庙”三字是当时知县叶初春所写（现已无存）。中殿横架有月梁和“S”形托脚，脊檩上刻有“康熙（1662—1722）重修”字样。

中殿与后殿之间为深达2米的水庭，两厢廊庑仍保留部分红砂岩栏板，池上有狭窄的独石拱飞梁连接中殿与后殿空间，红砂岩凿成，呈半月形，桥面阔约25厘米，厚约35厘米，俗称“灯芯桥”，又呼“誓愿桥”或“公正桥”（图2-202）。

后殿称紫霄宫，原祀北帝神像（已毁）。后殿檐柱为八角红砂岩柱。

---

❶ 照壁在外观上可分上中下三个部分，即上面的压顶、中间的壁身和下面的基座。

❷ 天花的一种，因其用大方格组成，仰看犹如棋盘，故宋式中称为平棊。

2.12 逢简刘氏大宗祠（佛山顺德杏坛逢简村，明永乐十三年·1415）

逢简刘氏大宗祠（图2-203～图2-205）即“影堂”，位于杏坛镇逢简村，明永乐十三年（1415）刘氏五世祖刘观成松溪公“始率族建祠”，“祠其堂影堂而光大之，用以妥先灵而永言孝思”，三百多年后，该祠“瓦垣不且老乎”，天启元年（1621）后人兰谷公组织族人重修祠堂，“并治门楼之”[1]。重修后的大宗祠“庙貌既隆，明衢广辟，美哉轮哉，盖都然一大观也”。嘉庆年间（1796—1820）、2002年均有重修。祠规模宏大，为少见的明代五开间祠堂，形制古朴，空间灵动，装饰淡雅，遗留众多典型的明代特点。

刘氏大宗祠坐北向南，三路三进五开间，占地面积1900多平方米。通面阔32.2米，中路面阔19米，通进深59.6米。中轴线上依次为门堂、月台[2]和中堂、后堂，两边有衬祠、青云巷。硬山顶，人字山墙，龙船脊，屋顶生起曲线。素胎瓦当、滴水剪边，红砂岩墙基。除脊檩外为方檩。

图2-203　逢简刘氏大宗祠

❶《逢简南乡·刘追远堂族谱·重修祠堂记》。

❷ 在古建筑殿堂前突出连着前阶的平台叫“月台”，月台是该建筑物的基础，也是它的组成部分。由于此类平台宽敞而通透，一般前无遮拦，故是看月亮的好地方，也就成了赏月之台。

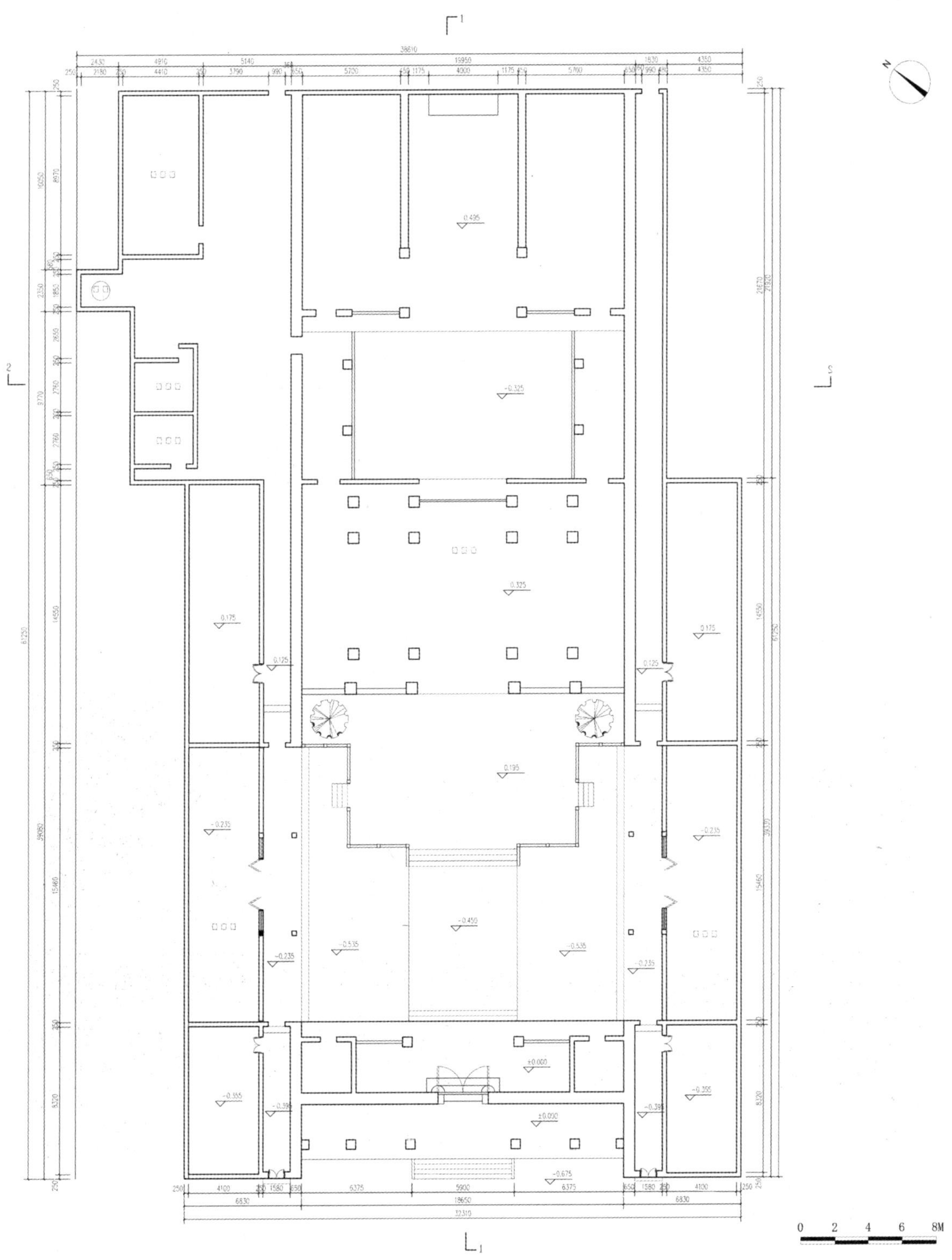

图2-204　逢简刘氏大宗祠首层平面图

图片来源：张清楷、谢龙交、陈桂涛、杨贵林、田俐、黄耀凤绘（周彝馨广府古建筑技能大师工作室）

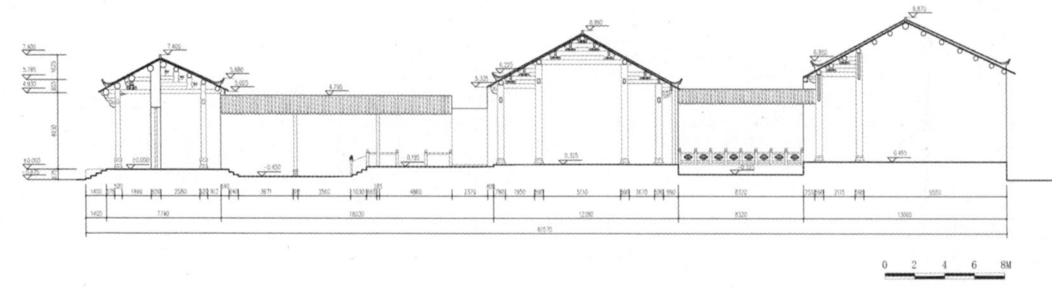

图2-205　逢简刘氏大宗祠1-1剖面图

图片来源：谢龙交、杨贵林、张清楷、田俐、黄耀凤绘（周彝馨广府古建筑技能大师工作室）

❖ 门堂和衬祠

门堂面阔五间，左右有衬祠与青云巷，东路青云巷大门门额“阁道”，西路青云巷大门门额“台门”。门堂分心槽，心间宽阔，由心间至梢间开间逐渐变窄。八角咸水石檐柱，八角覆盆柱础，梢间檐柱外加山墙，檐柱上出两跳插栱承梁，上承挑檐檩。前檐次间和梢间纵架为木直梁，各一攒木驼峰斗栱。后檐五开间均为木直梁，无驼峰斗栱。方形咸水石门枕，前檐驼峰斗栱梁架，后檐瓜柱梁架，心间、次间开敞，两边梢间为耳房（图2-206）。衬祠两层。

图2-206　逢简刘氏大宗祠门堂梁架

第一进庭院（门堂与中堂之间）宽阔，中有甬道，两侧廊庑后有厢房，卷棚顶。两厢廊庑与“阁道”“台门”青云巷成为一体。院落中有两株五六十年树龄的鸡蛋花树。

图2-207　逢简刘氏大宗祠中堂前月台

❖ 中堂“追远堂”

中堂前有红砂岩基础的宽阔月台，前有四级阶梯，其余围石栏板（图2-207）。

中堂（图2-208、图2-209）名“追远堂”。面阔五间十四架，进深三间，梢间边跨山墙承重，正立面明、次间开敞通透，梢间有檐墙，上有砖雕漏窗。心间、次间木纵架，木梁上有椽子横披。殿身插栱襻间斗栱梁架，梁架简约，驼峰上承坐斗，坐斗承梁、檩。檐柱为八角形石柱，覆盘式柱础，金柱有柱櫍，覆盘式柱础。后跨心间有屏门，共有六扇，上悬“追远堂”牌匾。后檐有檐墙，上有砖雕漏窗。

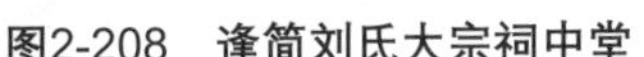

图2-208　逢简刘氏大宗祠中堂

图2-209　逢简刘氏大宗祠中堂背面

第二进庭院（中堂与后堂之间）较为特别，没有台阶连通中堂和后堂，所以后庭不能通行，以两边廊庑联系。两边廊庑卷棚顶，保留了部分红砂岩栏板，廊庑檐柱为圆木柱，红砂岩柱櫍，双柱础，下部的柱础为红砂岩材质。

❖ 后堂

后堂（图2-210）有红砂岩高台基，五开间，檐柱为凹槽大方石柱，红砂岩柱础，上出两跳插栱承梁与挑檐檩。前檐心间、次间木纵架，木梁上有棂子横披。硬山搁檩，心间和次间之间以隔墙分隔，梢间分隔成耳房，金柱为方木柱，有柱櫍，红砂岩、咸水石柱础。中设神龛，安放历代先祖牌位。保留了咸水石浮雕栏板（图2-211、图2-212）。

图2-210　逢简刘氏大宗祠后进院落

图2-211　逢简刘氏大宗祠后堂栏板

图2-212　逢简刘氏大宗祠栏板石雕

2.13 陈家祠（陈氏书院）（广州市荔湾区）

陈家祠为岭南最大的宗祠建筑，是广东72县陈姓宗亲合资兴建的合族祠堂。祠堂建成之后，一直作为各县陈氏子弟在省城赴考的落脚之地。祠堂于清光绪十四年（1888）年动工，光绪十九年（1893）落成。祠规模宏大，为岭南之最，装饰华丽，工艺精巧齐全，为岭南祠庙之精粹。

陈家祠坐北朝南，建筑总平面近似正方形，通面阔为81.5米，通进深为79米，占地面积6505平方米，建筑面积3956平方米，五路三进五开间、九堂两厢（中间主体三路三进九堂屋，边路为两厢东、西斋和厢房）格局，相邻两路之间以四条青云巷分隔联系，巷门上方的花岗石石匾分别刻有不同的名称，总计六院八廊十九栋单体建筑，平面犹如九宫格（图2-213～图2-221）。

图2-213 陈家祠

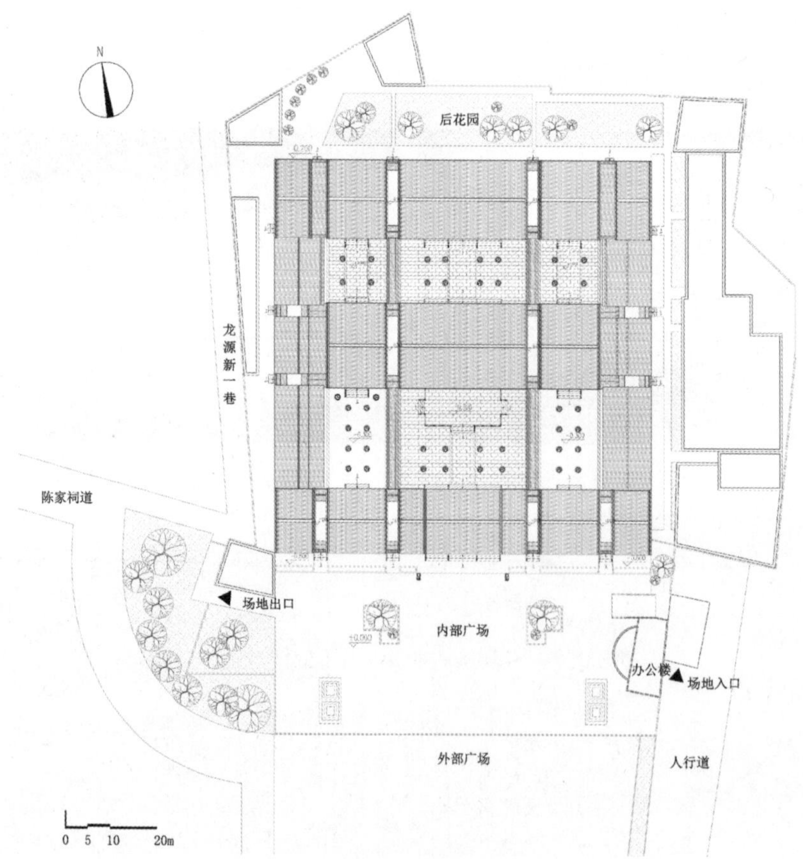

图2-214 陈家祠总平面图（曹治绘）

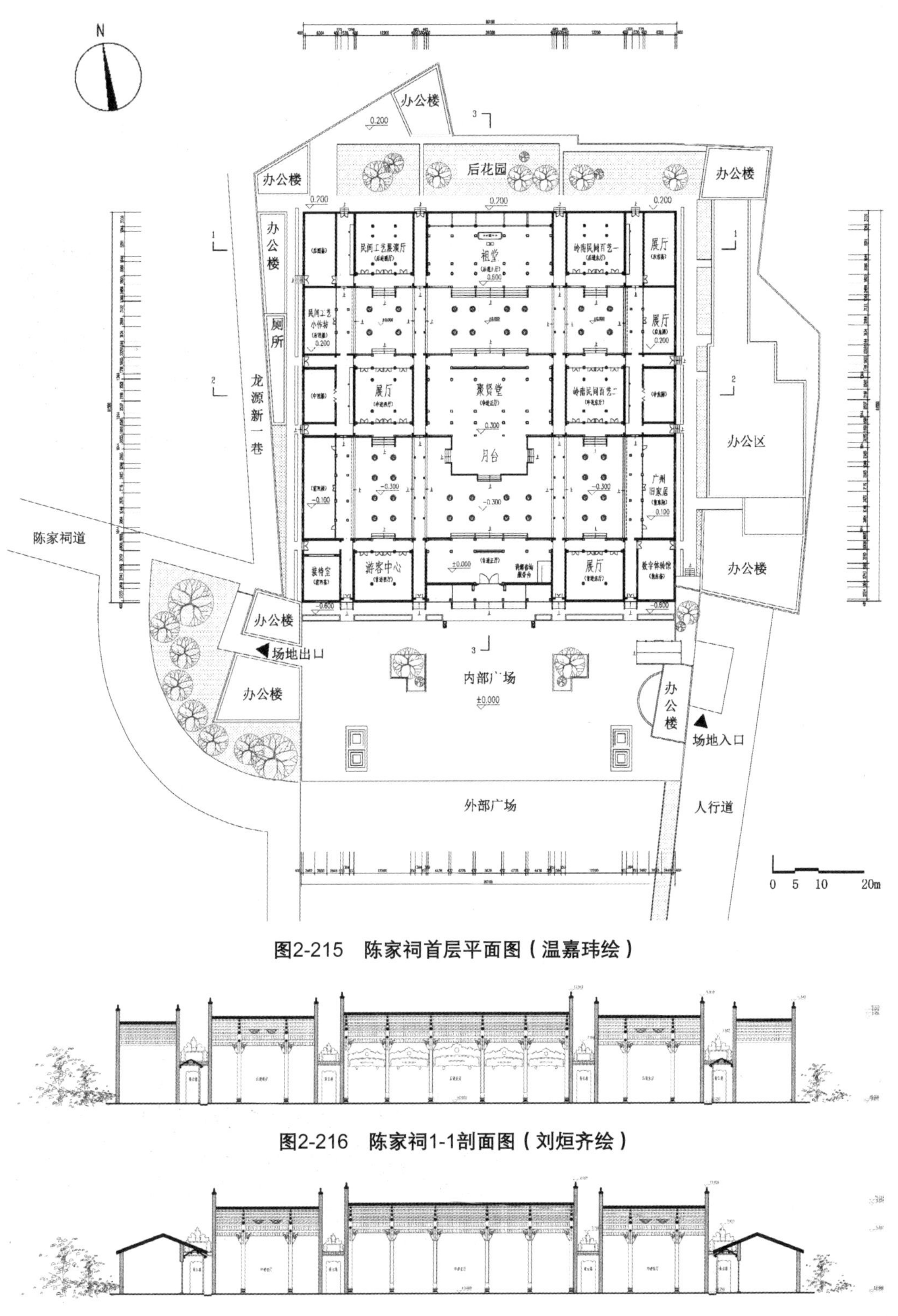

图2-215 陈家祠首层平面图（温嘉玮绘）

图2-216 陈家祠1-1剖面图（刘烜齐绘）

图2-217 陈家祠2-2剖面图（刘烜齐绘）

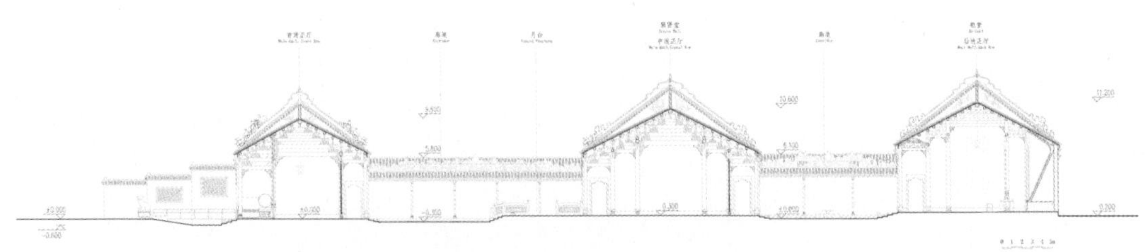

图2-218 陈家祠3-3剖面图（吴肇波绘）

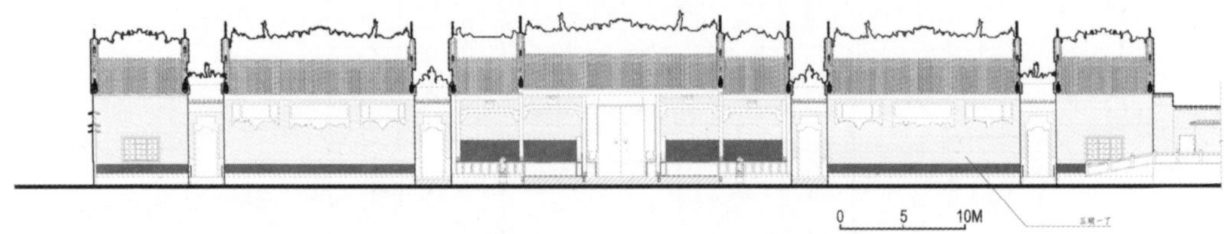

图2-219 陈家祠南立面图（王家明绘）

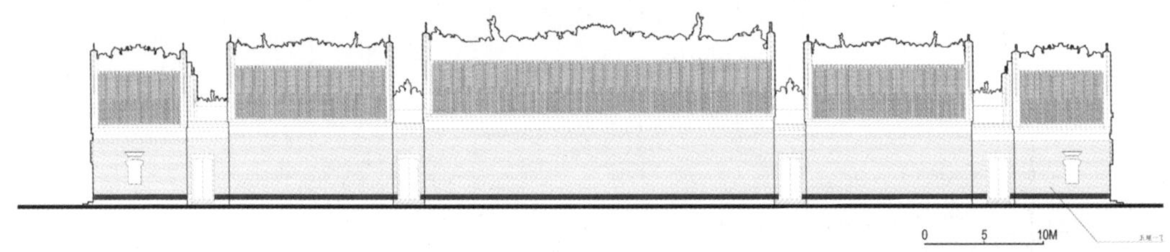

图2-220 陈家祠北立面图（王家明绘）

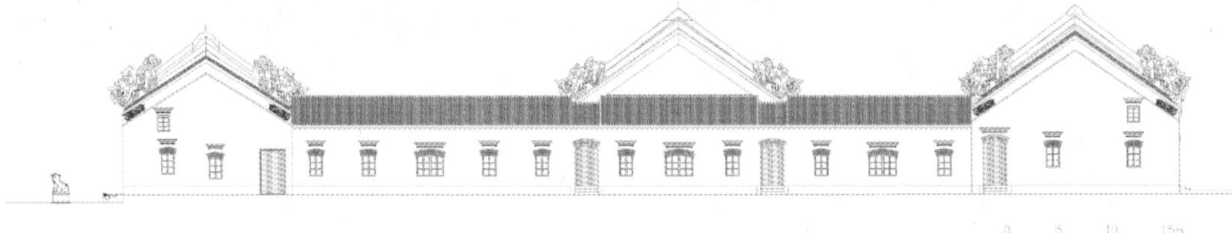

图2-221 陈家祠东立面图（麦昊楠绘）

陈家祠前有开阔的前院（阳埕），两侧立有高耸的旗杆。中路建筑包括门堂、聚贤堂（前有月台）和祖堂。建筑群硬山顶，屋脊装饰华丽，下为灰塑，上为石湾窑陶塑人物瓦脊（图2-222）。

图2-222 陈家祠中路建筑

❖ 门堂及第一进建筑

门堂（图2-223）前有一对石

狮，置于高大几案形台座上。门堂面阔五间27米，进深三间十七架12米，驼峰斗栱梁架。硬山顶，人字形山墙，碌灰筒瓦。心间与次间梁架较高，梢间梁架稍矮，形成中间高两旁低的两级屋面（图2-224）。前檐左右梢间有塾台，正中开有面阔约4米、高约5米的大门，两扇门上彩绘的是4米高的巨幅门神，大门前两侧分立一对高达2.55米的大石鼓，门上悬“陈氏书院”横匾。门堂石檐柱，次间和梢间施石虾弓梁石金花狮子，次间纵架较梢间纵架高。前后檐梁架木雕皆精美（图2-225），四扇柚木屏门也有精美镂雕。

图2-223　陈家祠门堂

东西厅第一进建筑南部外墙上各有三幅精美砖雕壁画，中间一幅为大型粤剧场景，两边两幅为花鸟壁画（图2-226、图2-227）。建筑群正立面陶塑、灰塑、砖雕、石雕、木雕齐全，富有岭南工艺特色。

图2-224　陈家祠门堂心间

图2-225　陈家祠门堂木雕梁架

图2-226　陈家祠第一进东厅

图2-227　陈家祠第一进西厅装饰

图2-228　聚贤堂前月台

图2-229　聚贤堂内部

图2-230　聚贤堂前檐梁架

❖ 聚贤堂

聚贤堂前有月台，宽16.7米，深8米，高0.58米，三面设台阶，绕以石雕栏杆和望柱，望柱以岭南佳果为饰，柱头石雕小狮子，栏板镶嵌铁铸通花（图2-228）。聚贤堂（图2-229）为全祠中心，是陈氏族人祭祀、议事、聚会的地方。面阔五间27米，进深五间六柱二十一架16.7米。前后檐廊，空间宏阔。石檐柱不挑檐，石纵架，虾弓梁石金花斗栱（图2-230）。心间和次间后金柱之间置12扇双面镂雕屏门，两侧梢间设花罩❶。

❖ 祖堂

祖堂（图2-231）是供奉陈氏祖宗牌位和拜祭的场所。面阔五间27米，进深五间16.6米，瓜柱梁架，二十一架前后五柱加后墙承重。前檐四架卷棚顶轩廊。厅后檐柱间装有五个高达7米多的木镂雕神龛花罩，内设21级木阶级放牌位。透雕的花罩刻有制作年款、店号与地址的铭记，雕刻之精美为清代广州木雕之代表。

❖ 东西路建筑

东、西二路布局、做法对称（图2-232、图2-233）。头进东、西厅为倒座衬祠，均面阔三间13.8米，进深三间十七架12米，瓜柱梁架，前设轩廊，形制比门堂稍简。中进东、西厅均面阔三间13.8米，进深五间二十一架16.7米，驼峰斗栱梁架，出前后轩廊。后进东、西厅面

❶ 花罩的功能主要是分割室内空间，也有单纯做装饰用的，似分似合，相互渗透，以达到扩大有限空间的效果。其用浮雕或通雕手法，以硬木雕成几何图案或缠交的动植物、人物、故事等题材，然后打磨精雕加工而成。花罩的形式很多，有圆罩（也称圆光罩）、落地罩等。

阔三间13.8米，进深五间二十一架16.6米，瓜柱梁架，前檐廊设有14扇通花隔扇，并各有13个木雕龛罩。

东、西斋和厢房为读书用房，用花罩、隔扇和落地罩组合装饰。斋前有小天井。

图2-231　陈家祠祖堂

图2-232　陈家祠东西路建筑

图2-233　陈家祠廊庑

❖ 三雕两塑一画

陈家祠建筑装饰精巧、富丽堂皇，集岭南装饰艺术之大成（图2-234）。

陶塑工艺集中在厅堂正脊，琳琅满目（图2-235）。祠堂共有11条陶塑脊饰，均为佛山石湾窑烧制。首进五条陶脊，其中门堂三条于清光绪十七年（1891）所造，东、西厅为

光绪十九年（1893）所造。聚贤堂脊饰为光绪十七年（1891）所造，于光绪三十四年（1908）遭飓风毁坏，清宣统三年（1911）再造，1975年再次被台风吹毁，1981年重新仿造；中进东、西厅的两条脊饰于光绪二十年（1894）所造，后进东、西厅的两条脊饰于光绪十八年（1892）所造；后进祖堂的脊饰则完成于光绪十六年（1890）。11条脊饰中以聚贤堂的规模最大，其总长27米，高2.9米，连灰塑基座总高达4.3米。陶塑屋脊题材多样，包括“刘备招亲”“刘庆伏狼驹”“武王伐纣”“管仲拜相”“智收姜维”等人物故事（图2-236）。

图2-234　陈家祠首进装饰（何毅贤摄）

图2-235　陈家祠首进西厅正脊瓦脊局部

图2-236　陈家祠门堂正脊背部瓦脊——刘庆伏狼驹

陈家祠中的木雕多以樟木、花梨、龙眼、柚木等为材，雕镂梁架、雀替、隔扇、屏门、花罩、神龛、檐板等处（图2-237）。门堂的四扇屏门，屏心部分运用双层镂空技法，雕刻有“金殿赏赐”“金殿比武”“荣归故里”“孟浩然踏雪寻梅”“渔舟唱晚”“渔樵耕读”等内容。聚贤堂的木雕屏门有“太白退番书”“郭子仪祝寿”“六国大封相”“渭水访贤”“携琴访友”“夜宴桃李园”“黄飞虎反五关”“韩信点兵”“薛仁贵大战盖苏文”“岳飞破金兵”等故事。还有中进东厅屏门的《水浒传》故事“拳打镇关西”“血溅鸳鸯楼”“三打祝家庄”“枯井救柴进”，中进西厅屏门的《三国演义》故事“三英战吕布”“三顾茅庐”“赤壁之战”“长坂坡救阿斗”等。梁架木雕华藻繁缛，采用高浮雕手法，题材多样，特别是戏曲历史故事，如“程咬金祝寿”“蟠桃会”“薛丁山受封”等场面较大的内容，其中较为突出的是《三国演义》中“曹操大宴铜雀台”一组，描绘曹操坐在铜雀台上观看校场各员大将比武的场面，突出刻画了徐晃与许褚在比武后为争夺锦袍而难解难分的情景（图2-238、图2-239）。

石雕以花岗石为材，用于门券、虾弓梁、檐柱、雀替、柱础、墙基、台基、栏板、台阶垂带等，有浮雕、圆雕、透雕、减地平钑[1]等多种技法（图2-240）。聚贤堂前的月台石雕栏板，是陈家祠石雕装饰工艺的典型，它融合了圆雕、高浮雕、减地平钑、镂雕和阴刻等多种技法，以各种花鸟、果品为题材，用连续缠枝图案的表现形式进行雕饰（图2-241）。

图2-237　陈家祠木雕隔扇

图2-238　陈家祠木雕梁架

图2-239　陈家祠门堂木雕梁架局部

砖雕主要装饰在檐墙、门楣、墀头和花窗等处。陈家祠首进东、西厅的外墙上共有六幅大型砖雕，最大的两幅宽3.6米、高1.75米，其余四幅宽3.4米、高1.65米，是现存广东地区规模最大的砖雕作品之一。东面三幅砖雕，中为“刘庆伏狼驹”，取材于北宋勇将刘庆制伏西夏烈马“狼驹”的古代戏曲故事，场面宏大，人物有40多个，构图巧妙，雕刻细腻，两旁还有“百鸟图”和“五伦全图”砖雕。西面三幅砖雕，中为“梁山聚义”，刻画了《水浒传》中晁盖、林冲等众多英雄好汉汇集在聚义厅，造型各异，栩栩如生，左右两侧有“梧桐柳杏凤凰群”和“松雀”砖雕。墀头上有26幅砖雕，既有“姜子牙拜相”“群英会”等历史故事，又有“喜鹊登梅”“龙凤呈祥”“狮子滚绣球”等吉祥图案（图2-242、图2-243）。

[1] 古建筑中的一种石雕加工手法，这种雕饰的上表面和地都是平面。“减地”就是将表现主体图案以外的底面凿低铲平并留白，主体部分再用线刻勾勒细节，形成一种图底对比较强的剪影式平雕。平钑，意即铲平。基本特征是凸起的雕刻面和凹入的底都是平的，是一种剪影式的浅浮雕。清代称线雕。（《中国土木建筑百科辞典·建筑》《中国历史大辞典·下卷》）

图2-240　陈家祠门堂抱鼓石

图2-241　陈家祠石雕栏板

图2-242　陈家祠第一进花鸟砖雕壁画

图2-243　陈家祠第一进人物砖雕壁画

灰塑主要集中在屋脊基座、山墙垂脊、廊门和厢房的屋脊上，灰塑的题材与陶塑相近，均具有浓郁的岭南特色（图2-244、图2-245）。

陈家祠还融会了铸铁等其他岭南工艺，如聚贤堂月台石栏杆中嵌有铸铁栏板，即佛山铁画（图2-246）。其正面六幅为“麟吐玉书”、凤凰图等，台阶两边是“双龙戏珠”“三阳开泰”等，这些铁铸由佛山生铁铸造、打制而成。

东、西厢房还绘有多幅壁画，主要题材有“滕王阁图”“夜宴桃李园”等，人物有王勃、李白等。

图2-244　巧夺天工凭妙手（作者：潘楚乔）

图2-245　陈家祠灰塑

图2-246　聚贤堂月台铸铁栏板

2.14 碧江尊明苏公祠（尊明祠）（佛山顺德北滘碧江，明嘉靖间·1522—1566）

碧江尊明苏公祠（图2-247～图2-249）堂号“兹德堂”，位于北滘镇碧江居委泰兴大街，是一座始建于明代末年的祠堂，为十七世孙苏日德（苏云程）以其五品官员身份为其先祖苏祉而建，村里人习惯称之为“五间祠”。《顺德碧江尊明祠修复研究》[1]中猜测尊明祠的建祠时间为1570至1600年前后，《碧江讲古》[2]则猜测尊明祠建祠时间在“嘉靖年间（1522—1566）或更早一些”。祠规模宏大，为少见的明代五开间祠堂，形制古朴，装饰淡雅，遗留众多典型的明代特点，为岭南祠庙之精粹。

尊明苏公祠原为三进五开间，现在仅剩下两进主要建筑——门堂和中堂，前庭内保留有明代水井一口。后堂在二十世纪四五十年代倒塌后未被修复，仅存红砂岩台基，后庭及侧廊损毁。门堂和中堂主体结构保存完整，建筑形制颇古，整体梁架结构基本完好。

图2-247　碧江尊明苏公祠航拍

❶ 阮思勤. 顺德碧江尊明祠修复研究[D]. 广州：华南理工大学，2006.

❷ 苏禹. 碧江讲古[M]. 广州：花城出版社，2005.

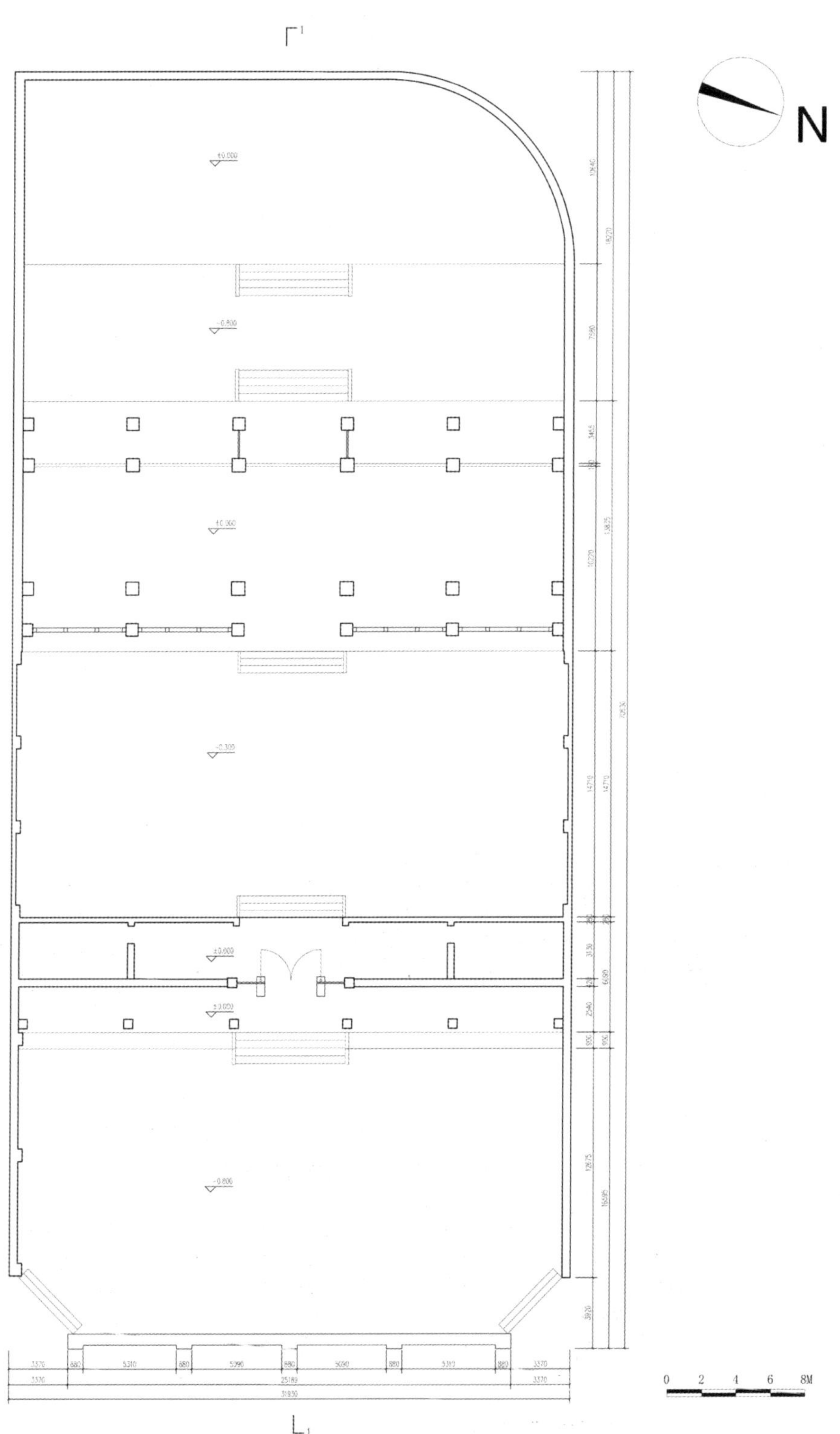

图2-248　碧江尊明苏公祠首层平面图

图片来源：张清楷、谢龙交、杨贵林、王立妍、马桂梅、邓敏华绘（周彝馨广府古建筑技能大师工作室）

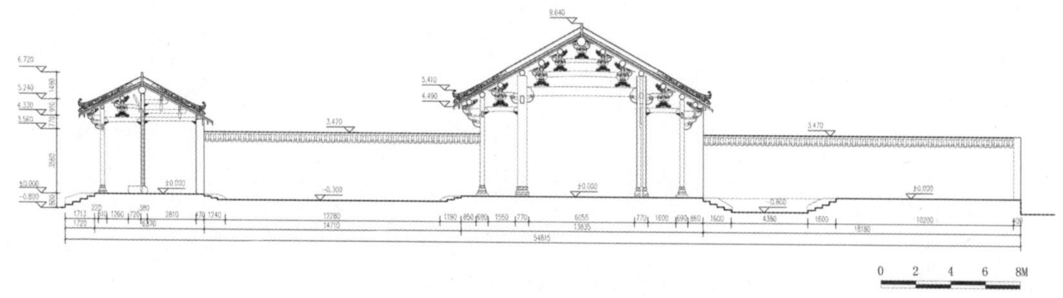

图2-249　碧江尊明苏公祠剖面图

图片来源：谢龙交、杨贵林、张清楷、王立妍、马桂梅、邓敏华绘（周彝馨广府古建筑技能大师工作室）

❖ 门堂

门堂（图2-250）下有高大红砂岩台基，面阔五间31.9米，进深两间七架6.2米。心间地面到脊顶高6.7米，侧立面地面到垂脊顶端高7.4米，屋面成双曲面，灰塑龙船脊，博古纹船托。平面类似“分心槽”形制，以隔墙承托脊檩与前后檐梁架，梢间尽端檐柱外加山墙，墙基亦为红砂岩。心间保留金柱，木门面，方形门枕石，后檐梢间隔作耳房。八角红砂岩石檐柱，五开间均为木纵架，每开间两攒木驼峰斗栱，明风犹存。前檐驼峰斗栱梁架，后檐瓜柱梁架、方檩（图2-251）。

图2-250　碧江尊明苏公祠门堂

图2-251　碧江尊明苏公祠门堂混合式梁架

❖ 中堂“藻德堂”

中堂（图2-252）面阔五间32.5米，进深三间十三架13.56米，灰塑龙船脊，卷草纹船托。前后檐双步梁，建筑心间地面到脊顶高9.54米，侧立面地面到垂脊顶端高10.4米，屋面成双曲面。梢间尽端檐柱外加山墙，墙基为红砂岩。八角红砂岩石檐柱，上出三跳插栱承挑檐檩。五开间均为木纵架，每开间两攒木驼峰斗栱。

中、后跨之间以木门面隔断。金柱粗壮，有柱槚，覆盆式柱础。驼峰斗栱梁架，保留柱头栌斗、月梁、透榫等明代做法，梁架精美，为岭南古建筑梁架的精粹（图2-253、图2-254）。

图2-252　碧江尊明苏公祠中堂

图2-253　碧江尊明苏公祠中堂梁架

图2-254　碧江尊明苏公祠中堂梁架局部

2.15 沙边何氏大宗祠（佛山顺德乐从水腾沙边村，明—清）

沙边何氏大宗祠（图2-255～图2-258）又名厚本堂。民国初年厚本堂刊印的《何氏事略全卷》载："今览旧谱，则前人亦几费经营矣，其始建何时无可考，惟载重修始于康熙四十九年（1710）。"另《顺德文物》载："始建于明代，康熙四十九年（1710）、同治二年（1863）重修。"据该祠现存的建筑形制、材料、装饰等，对门堂上盖之斗栱、红砂岩柱、红砂岩华板等进行考证，应属晚明遗物。据此，该祠的始建年代应不迟于晚明，而其后堂及两廊等，则为清代重修之物。2003年重修砖雕。祠规模宏大，为少见的明代五开间祠堂，形制古朴，保留原有形制较为完善，装饰华丽，遗留众多不同时代的特点，为岭南祠庙之精粹。

图2-255　沙边何氏大宗祠

大宗祠坐南向北，占地面积900平方米，是一路三进三开间祠堂，通面阔16.2米，通进深48.9米。主体建筑外有后楼，为该堂旧厨。同治末改修为有厅有厨，供小事聚会之用。碌灰筒瓦，素胎瓦当、滴水剪边，红砂岩墙基。

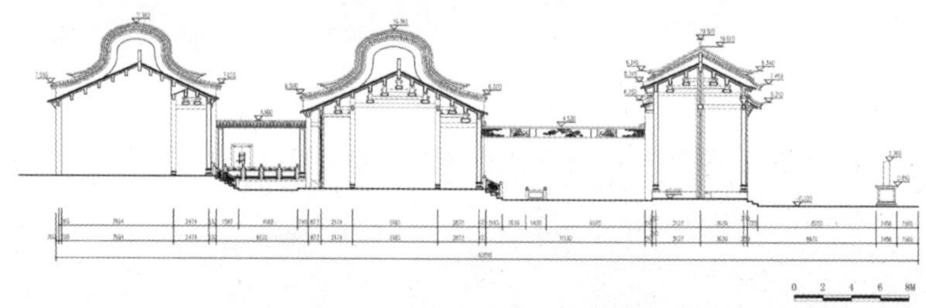

图2-256　沙边何氏大宗祠剖面图

图片来源：郭思侠、陈惠容、杨育东、陈纯子绘（周彝馨广府古建筑技能大师工作室）

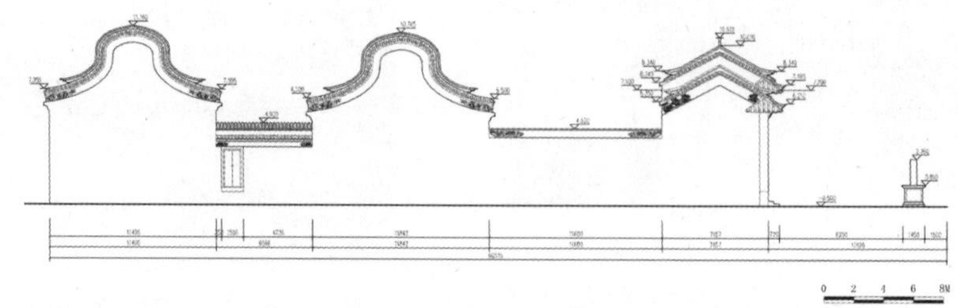

图2-257　沙边何氏大宗祠侧立面图

图片来源：郭思侠、陈惠容、杨育东、陈纯子绘（周彝馨广府古建筑技能大师工作室）

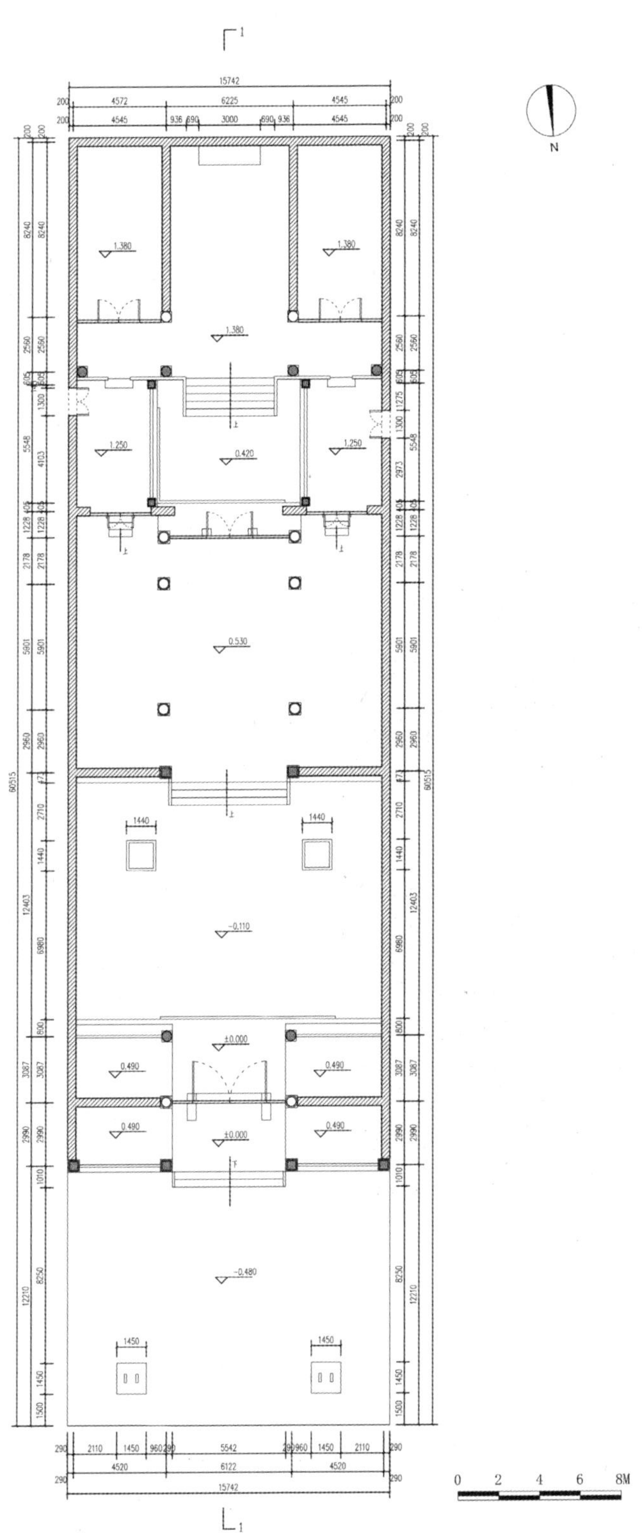

图2-258　沙边何氏大宗祠首层平面图

图片来源：郭思侠、陈惠容、杨育东、陈纯子绘（周彝馨广府古建筑技能大师工作室）

❖ 门堂

门堂（图2-259）为三间三楼牌坊式门堂，进深两间，心间梁架较高，次间梁架稍矮，形成中间高两旁低的两级屋面，两级屋面均为歇山顶，屋面双曲，镂空卷草纹龙船脊。门堂分心槽，一门四塾，心间两根圆木金柱分前后檐，前檐柱为四根咸水石大方柱，方鼓形柱础，后檐只有心间两檐柱，为红砂岩八角柱，覆莲式柱础。前檐木纵架，心间木梁上密置四攒补间柁墩斗栱，次间木梁上密置三攒补间柁墩斗栱，月梁、柁墩上均满雕瑞兽、花草等纹饰（图2-260、图2-261）。驼峰出七踩斗栱承挑檐檩（图2-262）。前塾台为咸水石，外壁为红砂岩华板，通饰龙、马、麒麟等瑞兽，后塾台为红砂岩（图2-263）。后檐木纵架，心间木直梁比次间高，均上承椟子横披。心间木门面，方形门枕石。

前院无侧廊，红砂岩甬道与门堂、中堂心间等阔。

图2-259　沙边何氏大宗祠门堂局部

图2-260　沙边何氏大宗祠门堂木纵架

图2-261　沙边何氏大宗祠门堂次间祥瑞样纵架木柁墩

图2-262　沙边何氏大宗祠门堂驼峰斗栱梁架局部

图2-263　沙边何氏大宗祠前檐塾台华板石雕

❖ 中堂“厚本堂”

中堂（图2-264～图2-266）进深三间十二架，前三步廊，后双步廊。堂前阶梯旁栏板石雕精美（图2-267）。次间前檐设檐墙，上开花窗（图2-268）。檐柱为大方石柱，覆盆式柱础，金柱为梭柱，有柱櫍，覆盆式柱础。

❖ 后堂“享堂”

后堂有高大红砂岩地基。前为四架轩廊，四架卷棚顶，八角石檐柱直接承檐檩。心间六级台阶。后堂硬山搁檩结构，九檩搁墙。次间为耳房，以隔扇与轩廊分隔，后檐墙为蚝壳墙。金柱木柱粗壮，有柱櫍，覆盘式柱础。

图2-264　沙边何氏大宗祠中堂

图2-265　沙边何氏大宗祠中堂梁架

图2-266　沙边何氏大宗祠中堂梁架局部

图2-267　沙边何氏大宗祠中堂前阶梯栏板

图2-268　沙边何氏大宗祠中堂前檐墙

2.16 右滩黄氏大宗祠（佛山顺德杏坛右滩村，明晚期·1573—1644）

右滩黄氏大宗祠建于明末，是明代状元黄士俊家族祠堂，是杏坛现存面积最大的祠堂。历经重修，各时期建筑风格均有保留。祠规模宏大，为少见的明代五开间祠堂，结构严整，装饰华丽，遗留众多不同时代的特点。

祠（图2-269 ~ 图2-273）坐西向东，占地面积1614平方米，三进五开间，后院有两亭子，硬山顶，人字山墙，博古脊。祠前有广阔阳埕，阳埕上有一对高大旗杆石，旗杆石位于高大几案形台座上。阳埕南面还有数十个功名碑阵列在场地上，足见当年黄氏宗族科举、功名之兴盛（图2-274）。

图2-269　右滩黄氏大宗祠航拍

图2-270　右滩黄氏大宗祠和旗杆石

图2-271　右滩黄氏大宗祠

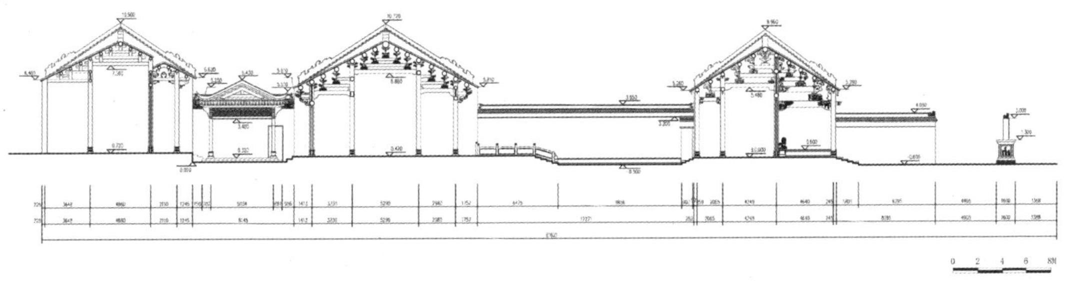

图2-272　右滩黄氏大宗祠剖面图

图片来源：郭思侠、陈惠容、林燿安、张希安、王彦祺、巫民杰、毛梅倩绘（周彝馨广府古建筑技能大师工作室）

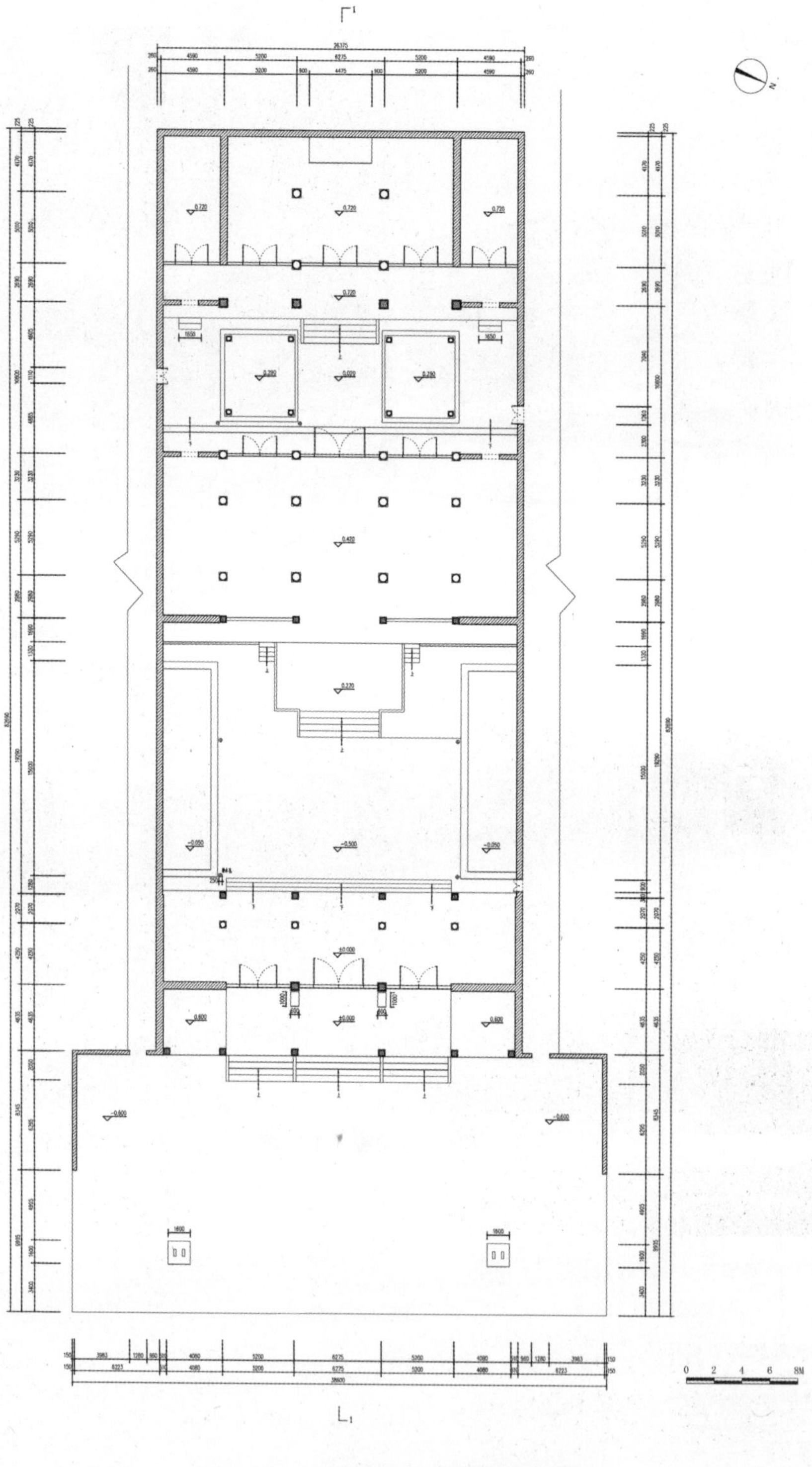

图2-273　右滩黄氏大宗祠首层平面图

图片来源：郭思侠、陈惠容、林耀安、张希安、王彦祺、巫民杰、毛梅倩绘（周彝馨广府古建筑技能大师工作室）

❖ 门堂

门堂（图2-275 ~ 图2-280）面阔五间，进深三间十一架，三门两塾，心间、次间均为木门面，梢间有塾台。心间悬“黄氏大宗祠”牌匾，两次间门额上分别混雕花鸟纹饰和“徽流燕翼”（北）与“兆启鳌头”（南）。檐柱为大方石柱，不挑檐，梢间尽端两檐柱外附加山墙。次间、梢间石纵架，石虾弓梁上各一朵石金花式样斗栱。前檐梁架木雕漆金，富丽堂皇。心间大门几案形门枕石，门枕石两边有连高大基座的石狮子，整个门堂十分有气势。后部金柱有柱櫍，花篮形柱础。

图2-274　右滩黄氏大宗祠阳埕南侧功名碑

图2-275　右滩黄氏大宗祠门堂

图2-276　右滩黄氏大宗祠门堂前檐石纵架

图2-277　右滩黄氏大宗祠门堂心间梁架

图2-278　右滩黄氏大宗祠门堂梁架

图2-279　右滩黄氏大宗祠门堂石狮、门枕石

图2-280　右滩黄氏大宗祠门堂横架斗栱

❖ 中堂“垂宪堂”

中堂（图2-281～图2-284）前有月台。中堂名“垂宪堂”，面阔五间，进深三间十五架。大方石檐柱，出两跳插栱挑檐，边跨以山墙承重。心间与次间前檐皆为木纵架，木直梁上承棂子横披，横披上再承两朵一斗三升❶驼峰斗栱（图2-285）。梢间有檐墙，上设砖雕花窗。插栱襻间斗栱梁架，金柱红砂岩覆盆柱础。

图2-281　右滩黄氏大宗祠中堂与月台

图2-282　右滩黄氏大宗祠中堂纵架

图2-283　右滩黄氏大宗祠中堂梁架

❶ 最简单的斗栱，就是在坐斗上安正心瓜栱一道，栱上安三个三才升，叫作一斗三升。

图2-284　右滩黄氏大宗祠中堂梁架木雕

（a）中堂纵架斗栱

（b）门堂纵架斗栱

图2-285　右滩黄氏大宗祠精美独特的纵架斗栱

图2-286　右滩黄氏大宗祠后进院落

后院中为甬道，两边有两个亭子，均为四木柱、歇山顶（图2-286）。

❖ 后堂

后堂进深三间十五架，前有五架卷棚顶轩廊，檐柱为大方石柱，上以博古纹插栱承挑檐檩（图2-287）。心间和次间相通为后堂主空间，梢间为耳房，与主空间以承重墙分隔。心间和次间前通置隔扇门，心间后跨以木门面分隔为神龛空间。金柱有柱櫍。内有黄瑞南、麦月泉、麦健屏所绘壁画（图2-288）。

图2-287　右滩黄氏大宗祠后堂前轩廊

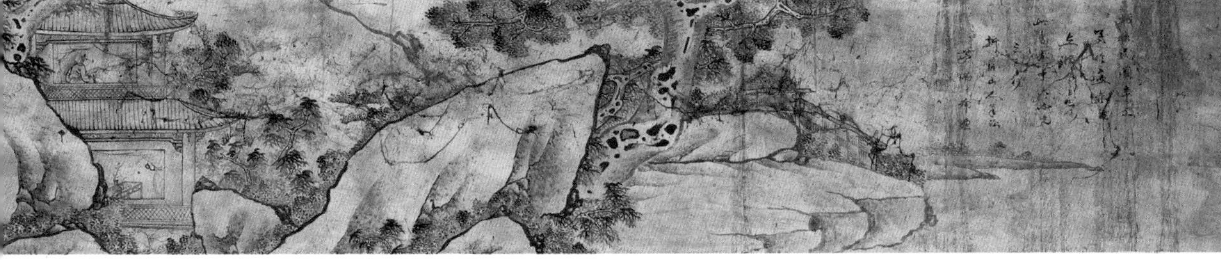

图2-288　右滩黄氏大宗祠后堂壁画

2.17 杏坛镇苏氏大宗祠（佛山顺德杏坛镇大街，明万历间·1573—1620）

杏坛镇苏氏大宗祠（图2-289～图2-291），据《重修苏氏大宗祠碑记》载："大宗祠始建于万历年间（1573—1620）"，清代重修，后堂为2010年复建。从整座结构来看，门堂、中堂均属明代风格。祠整体布局紧凑，形制古朴，门堂结构做法独树一帜，建筑遗留众多明代典型特征，为岭南祠庙之精粹。

大宗祠坐北向南，三进五开间，通面阔15.25米，通进深29.38米。门堂、中堂形制古朴。红砂岩地基，屋顶有生起，人字山墙，龙船脊。素胎瓦当、滴水剪边。

图2-289　杏坛镇苏氏大宗祠

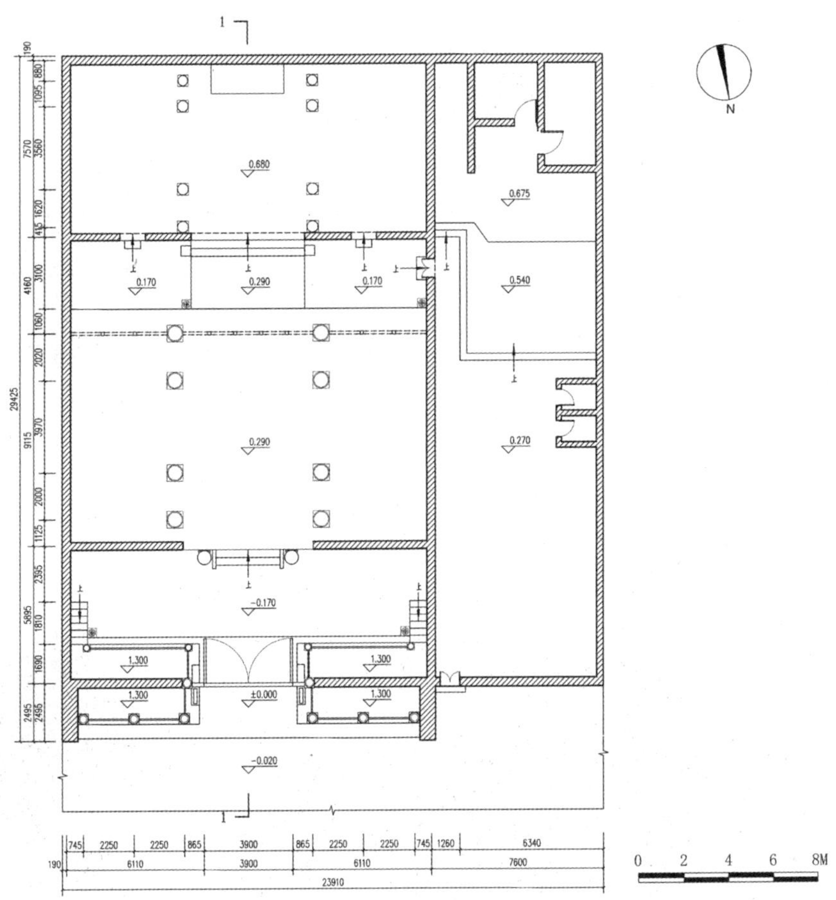

图2-290　杏坛镇苏氏大宗祠首层平面图

图片来源：马泽桐、刘育焕、王捷达、邓敏华、林燿安绘（周彝馨广府古建筑技能大师工作室）

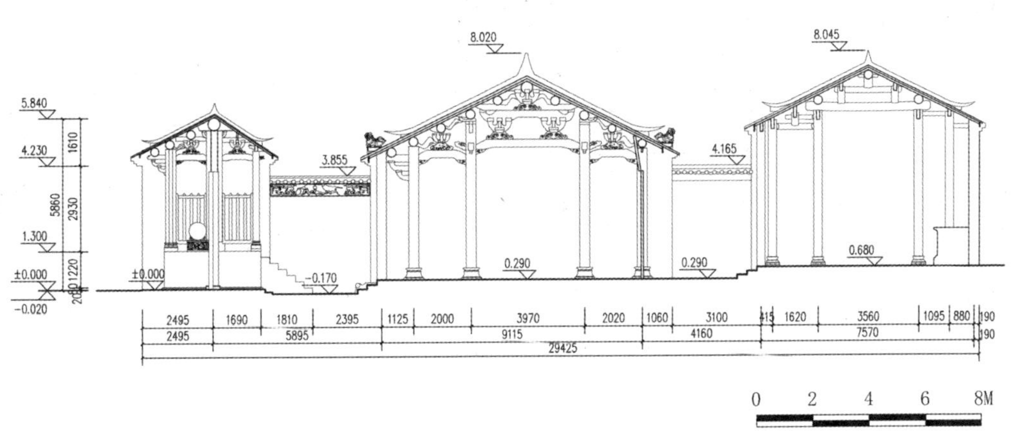

图2-291　杏坛镇苏氏大宗祠剖面图

图片来源：马泽桐、刘育焕、王捷达、邓敏华、林燿安绘（周彝馨广府古建筑技能大师工作室）

❖ 门堂

门堂五开间，分心槽，一门四塾，塾台跨次间与梢间，原高1.5米，高度为广府之最。前檐六根八角咸水石檐柱立于塾台之上，八角覆盆柱础，上出两跳插栱支承挑檐檩。梢间檐柱外侧加山墙。前檐木纵架，琴面木月梁，次间和梢间均置一攒一斗三升木驼峰斗栱（图2-292）。心间木门面，大门分上下两段，下段已有1.5米高，门旁咸水石方形门枕石置于高大塾台之上（图2-293）。墀头为早期一段式砖雕墀头，比较简朴。

图2-292　杏坛镇苏氏大宗祠门堂木纵架

图2-293　杏坛镇苏氏大宗祠咸水石方形门枕石

后檐部分形制特殊，次间、梢间合并成为一间，四根圆木檐柱立于高大墪台之上，石柱櫍，覆盆式柱础（图2-294）。木纵架，木月梁，两边各两攒木驼峰斗栱。两端有红砂岩阶梯登上墪台（图2-295）。

图2-294　杏坛镇苏氏大宗祠门堂后部

图2-295　杏坛镇苏氏大宗祠门堂后部登墪台的红砂岩阶梯

❖ 中堂“世泽堂”

中堂“世泽堂”（图2-296～图2-298）进深三开间十一架，前檐墙有高大石墙基，墙基中部为红砂岩。卷草纹驼峰，上用一斗三升斗栱。檐柱与金柱皆为圆木柱，柱径40.8厘米，有柱櫍，覆盆柱础，出两跳插栱承挑檐檩。前檐柱外有墉[1]（檐墙），墙上开砖雕花窗。后檐柱间全为可开启的隔扇门。中堂保留了很多如柱头斗栱、月梁、“S”形托脚、墉等古制。

图2-296　杏坛镇苏氏大宗祠中堂内部

图2-297　杏坛镇苏氏大宗祠中堂梁架

图2-298　杏坛镇苏氏大宗祠中堂前檐梁架

[1] 早期的檐柱为木檐柱，由于岭南地区潮湿多雨，在木檐柱之外设檐墙以保护木檐柱的做法相当普及，这种檐墙称为“墉”。

2.18 仓门梅庄欧阳公祠（佛山顺德均安仓门，清光绪八年·1882）

仓门梅庄欧阳公祠始建于明天启年间（1621—1627），清光绪八年（1882）重建。

该祠（图2-299 ~ 图2-304）坐西向东，前有宽阔阳埕，阳埕中有一对旗杆石，位于高大几案形台座上。祠堂三间两进带左右青云巷，主体建筑后带一后楼（厨房），左右青云巷通往后楼。总面积992平方米，中路面阔14.1米，通进深43.5米。硬山顶，人字山墙，灰塑龙船脊，脊两端有鳌鱼脊吻，蓝琉璃瓦当、滴水剪边。各堂与廊庑都有漆金木雕封檐板。祠堂木雕、石雕、砖雕、陶塑、灰塑、壁画精彩纷呈，是晚清岭南祠堂的精粹。

图2-299　仓门梅庄欧阳公祠航拍

图2-300　仓门梅庄欧阳公祠

图2-301　仓门梅庄欧阳公祠三维模型（周彝馨广府古建筑技能大师工作室）

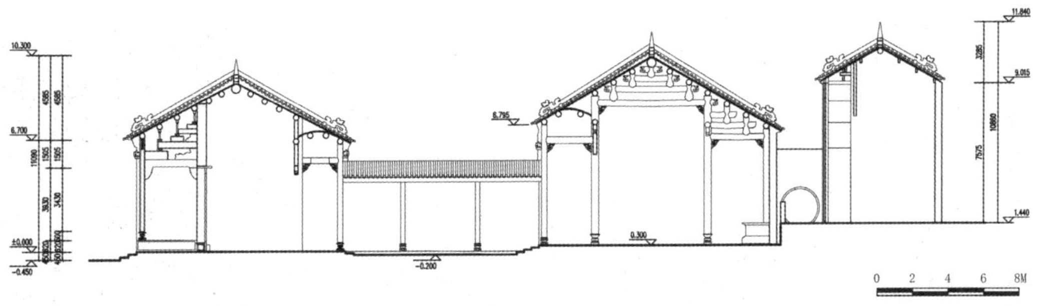

图2-302　仓门梅庄欧阳公祠剖面图

图片来源：马泽桐、刘育焕、邓敏华、文亚玲、叶达权、陈欣怡绘（周彝馨广府古建筑技能大师工作室）

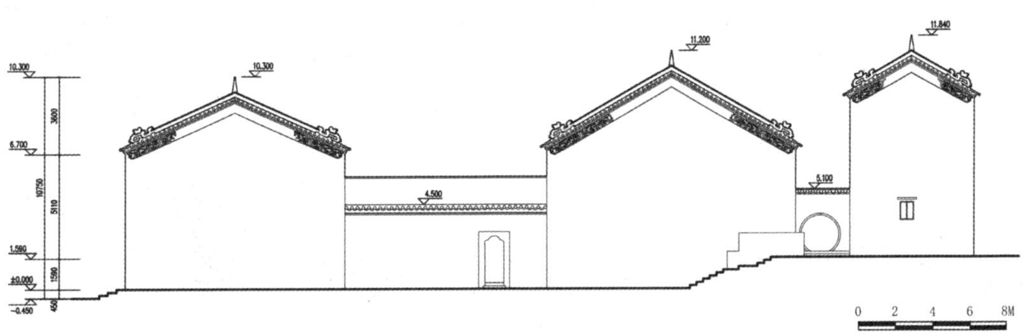

图2-303　仓门梅庄欧阳公祠侧立面图

图片来源：马泽桐、刘育焕、邓敏华、文亚玲、叶达权、陈欣怡绘（周彝馨广府古建筑技能大师工作室）

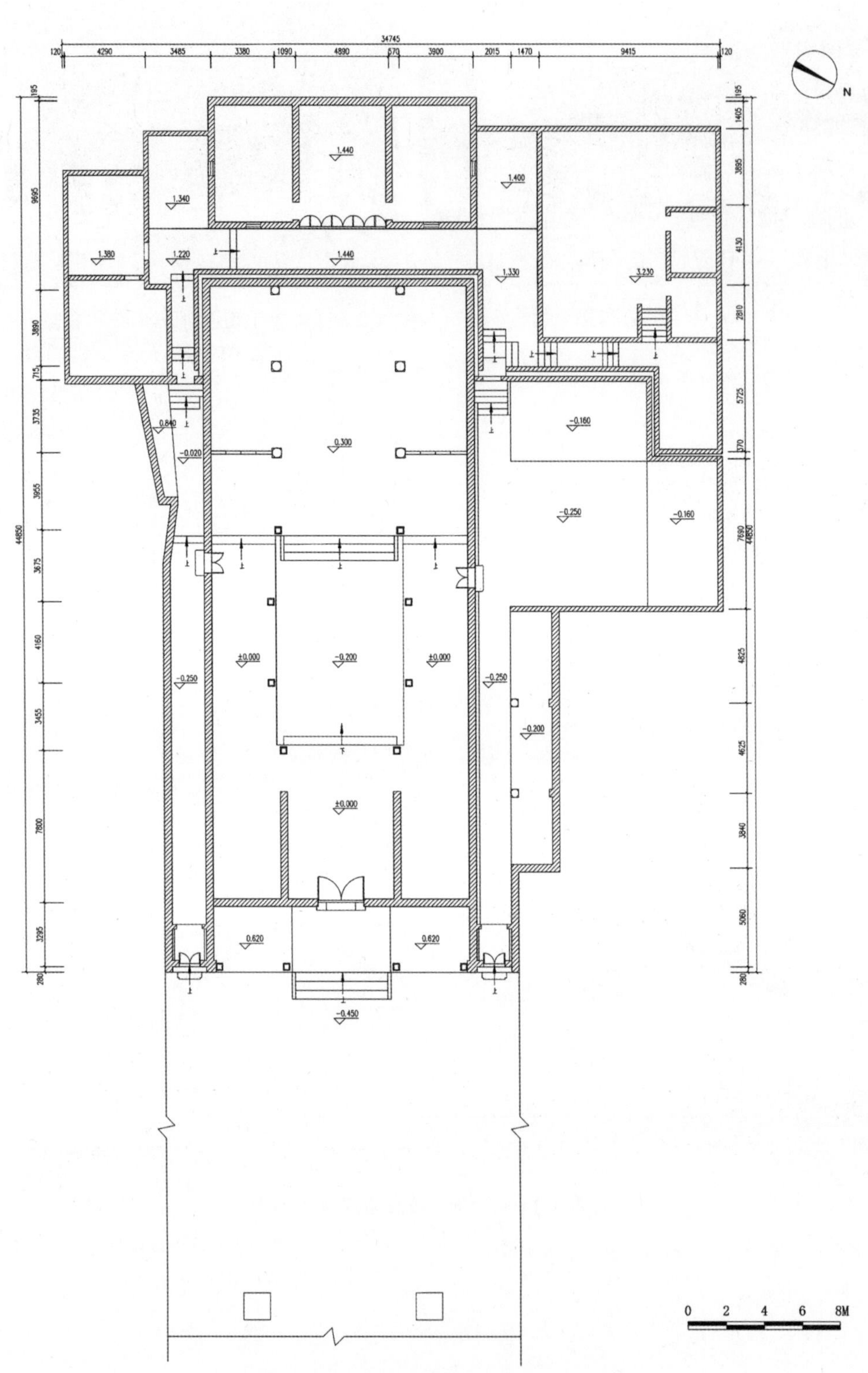

图2-304　仓门梅庄欧阳公祠首层平面图

图片来源：马泽桐、刘育焕、邓敏华、文亚玲、叶达权、陈欣怡绘（周彝馨广府古建筑技能大师工作室）

❖ 门堂

门堂（图2-305～图2-309）进深三间，前设三步廊，后四架轩廊。一门两塾，中跨次间为耳房。前廊梁架为坤甸木造，雕刻场景宏大而精美。龙船脊，一双灰塑鳌鱼咬住正脊两端，尾巴高翘，四条垂脊脊端各有蓝釉陶狮一只，为晚清时石湾窑制品。檐柱为小方石柱，纵架为典型的石虾弓梁石金花狮子，虾弓梁和塾台下方华板都布满石雕，墀头砖雕精美。正门“梅庄欧阳公祠”石门额为阴文蓝底楷书，上款“光绪八年岁在壬午孟秋之月”，下款“翰林院侍读学士李文田❶书题”。

青云巷内外侧有廊庑，其柱为八角咸水石柱，覆盆式柱础，形制较古。

图2-305　仓门梅庄欧阳公祠门堂

图2-306　仓门梅庄欧阳公祠墀头

图2-307　仓门梅庄欧阳公祠塾台

❶ 李文田（1833—1895），字畬光、仲约，号若农、芍农，谥文诚，广东顺德均安上村人。清咸丰九年己未（1859）探花，授翰林院编修、武英殿撰修，曾编《文宗显皇帝圣训实录》。官至礼部右侍郎和工部右侍郎。历任江西学政，国史馆协修、纂修，会典馆总纂。是著名史学家、书法家。工书善画，对元史及本北水地研究尤精，是清代著名的蒙古史研究专家和碑学名家。1874年归故里，主讲广州凤山、应元书院。著有《元秘史注》《元史地名考》《西游录注》《塞北路程考》《和林金石录》《双溪醉隐集笺》等。

图2-308　仓门梅庄欧阳公祠梁架木雕

图2-309　仓门梅庄欧阳公祠门堂背部

❖ 后堂“绍德堂”、侧院、后楼

后堂“绍德堂”（图2-310、图2-311）进深三间十三架，前设四架卷棚顶轩廊，后三步廊。轩廊博古梁架，中后跨为瓜柱梁架。次间中跨与轩廊之间设隔扇隔断，心间上方设横披。檐柱为小方石柱，柱础秀美，雕刻雅致。金柱粗壮，有柱櫍。前廊檐柱上部置“福禄寿”石雕梁头。檐板刻有二十四孝全图，每边各十二幅，人物生动，构图严谨，雕工精细。内部存“一带图”等多幅壁画，皆为清代著名壁画家杨瑞石[1]手迹，保存完好，十分珍贵。祠龛有木刻九鱼图，雕工精美。有大理石祭坛一座，坛前木雕陈设已毁。明间正中悬挂“绍德堂”木匾，亦为李文田手书。各廊庑以不同的博古梁架支承，镂雕精致多样。

图2-310　仓门梅庄欧阳公祠后堂

后堂北部，在青云巷后部，有一侧院，院中有一口井（图2-312）。经过侧院，可以到达后楼。

---

[1] 杨瑞石，清光绪前后岭南建筑界中绘制壁画的著名画家，光绪年间建造的广州陈家祠的壁画就是由杨瑞石主持完成。然而，有明确署名并未经修改扰乱的已很少见到。

后楼两层高，面阔三间，心间、次间以承重墙分隔（图2-313）。四面檐下墙楣处均有灰塑装饰（图2-314）。次间封闭，仅在首层正面与侧面开两个小方窗。心间为两层高的木门面，下层通设木门扇，上层通设木窗扇。

图2-311　仓门梅庄欧阳公祠后堂梁架

图2-312　仓门梅庄欧阳公祠后院

图2-313　仓门梅庄欧阳公祠花篮式柱础（后堂）和小方柱础（门堂）

图2-314　仓门梅庄欧阳公祠壁画

3 岭南祠庙建筑形制

3.1 环境

图3-1 昆都五显庙

岭南祠庙建筑讲究“枕山、环水、面屏”的择址理念，“左青龙，右白虎，前朱雀，后玄武”的理想形局极为频繁地出现在建筑风水意象中，靠山面水是最理想的建筑环境。祠庙建筑首选背靠山地、面临水源的地方，建于山阳，池塘通常在建筑的南、东南或西南方向，有调节微气候之用。对于不理想的地形，人们则积极处理，如引水成塘，或挖塘蓄水。

很多祠庙建筑因地制宜，依据环境的不同而改变朝向，如三水大旗头村的祠堂群，则是东西向布局，池塘位于东面。图3-1为昆都五显庙，庙虽极小，却朝对着西北面的思贤滘。思贤滘是西江和北江交汇之地，为珠三角命脉所在，碧波浩瀚，气势非凡。

岭南祠庙建筑多为顺坡而建，前低后高，很有气势，意为“步步高升”。这种“前低后高”的整体态势，威严、稳固，正好迎合了人类的心理图式。特别是祠堂，即使是在平地上，亦通过台基建成每一进向上抬升的格局。

3.2 总体形制

岭南祠庙建筑的总体形制一般以路、进、开间描述。

3.2.1 路

建筑群内单体建筑沿一条纵深轴线分布而成的建筑序列被称为一路。基于中轴对称的传统观念，大多为奇数路，其中又以一路、三路为多见。

一路建筑没有衬祠（偏殿），是最常见形式。三路建筑由中路和两侧边路组成，即两侧各有衬祠（偏殿）。主路与边路之间常以青云巷连接，青云巷首进设门。也有多路建筑不设青云巷的，而是将主路与边路连为一体。

3.2.2 进

进是主体建筑与面阔方向平行的单体建筑的称谓。前、中、后三堂称作第一进、第二进、第三进。“路”是纵向的，与两侧山墙平行，而“进”是横向的，与堂正脊平行；路的多少影响祠堂通面阔的大小，进的多少则影响祠堂通进深的大小。

两进的祠庙建筑将中堂空间与后堂空间合而为一。三进的祠庙建筑是岭南祠庙最普遍的选择，三堂的设置，使得空间功能区分明显。也有超过四进的祠庙建筑，后进可以是厅堂，也可以是后楼。

3.2.3 开间

决定建筑的规模与形制的因素除路、进外，还有开间。

在建筑物的平面上，四根柱子之中的空间称为间，它是建筑物平面宽、深的最小度量单位。建筑物的大小，以间的大小和多少而定。广府建筑中将平面宽度方向的“间”称为“开间”，开间数的多少和每个开间的尺度影响了建筑平面宽度的大小。

开间数为单数，开间最少的建筑是单开间。三开间建筑很常见，是最主要的建筑形式。超过三开间的祠庙建筑是岭南高等级的祠庙建筑（图3-2、图3-3）。

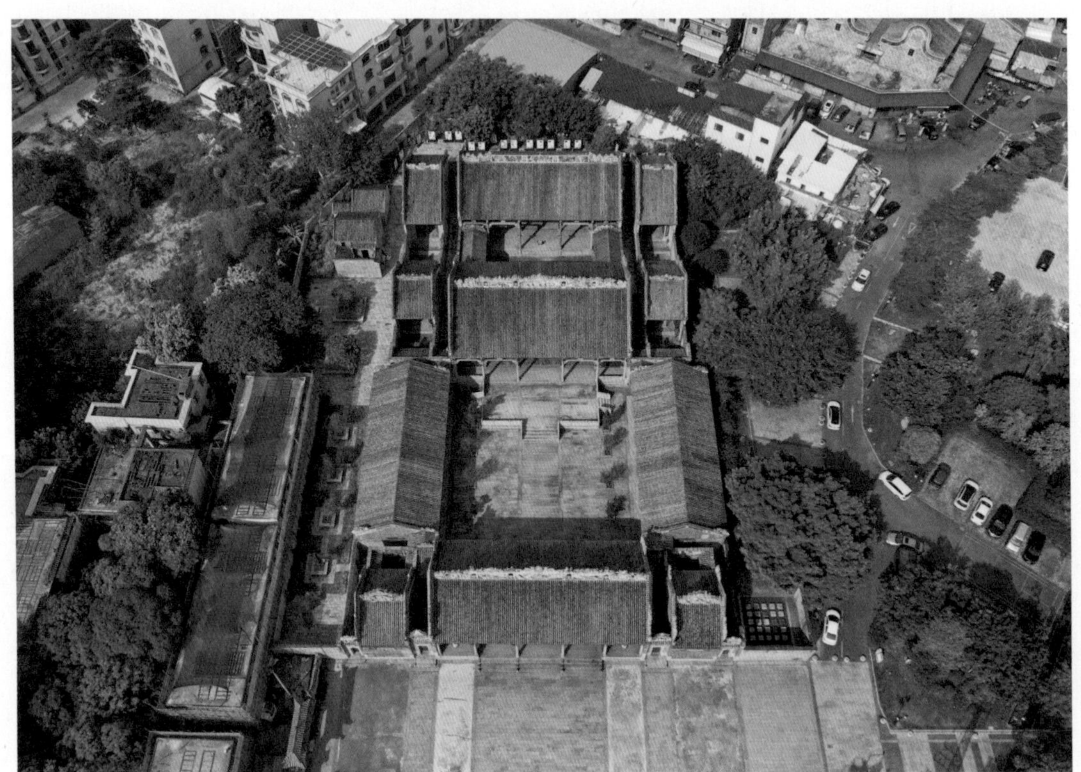

图3-2 佛山顺德乐从沙滘陈氏大宗祠（三路三进五开间）

图3-3 海幢寺建筑形制（作者：卢惠琼）

3.3 单体形制

祠庙建筑单体形制主要包括水体、阳埕（功名碑）、门堂（门殿）、中堂（中殿）、后堂（后殿）、廊庑、庭院等，部分有辅助构成元素，如衬祠（偏殿）、牌坊、照壁、拜亭、月台等。

3.3.1 门堂（门殿）

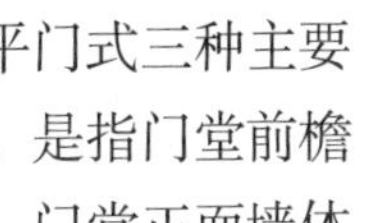

门堂（门殿）位于建筑序列的前端。门堂可分为门堂式、凹斗门式和平门式三种主要形式。门堂式是指门堂前檐使用柱子承重的形式。凹斗门式又称凹门廊式，是指门堂前檐下无檐柱，心间大门向内凹进的门堂形式。平门式是指门堂前檐没有柱子，门堂正面墙体与大门位于同一横轴线上的形式。（图3-4 ~ 图3-7）

图3-4　广州番禺沙湾留耕堂门堂（门堂式）

图3-5　佛山南海沙头崔氏宗祠牌坊式门堂（门堂式）

图3-6　广西桂林恭城周渭祠门堂（凹斗门式）

图3-7　广西柳州三江三王宫门殿（平门式）

3.3.2　中堂（中殿）

中堂（中殿）是议事、集会、仪式举行之处。中堂大多没有围合，前后与前庭、后院连通，所以中堂空间是建筑最开阔之处，也是使用率最高的地方，在构件形制、用料、装饰等方面是建筑高等级的部分。（图3-8～图3-11）

图3-8　佛山顺德乐从沙滘陈氏大宗祠中堂

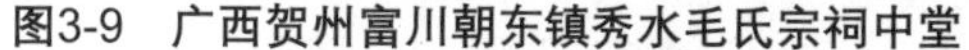

图3-9　广西贺州富川朝东镇秀水毛氏宗祠中堂

图3-10　广西钦州灵山县大芦村某祠堂中堂

图3-11　海幢寺中殿、后殿（作者：卢惠琼）

3.3.3 后堂（后殿）

后堂（后殿）通常位于建筑轴线的终端，是安放神主之所，常在心间置神龛供奉神位，神龛往往紧靠后墙。一般而言，建筑的门堂与后堂是不等面阔的，常见情况为前小后大，呈微喇叭状。（图3-12、图3-13）

图3-12　广西桂林恭城文庙大成殿

图3-13　揭阳学宫大成殿

3.3.4 廊庑、厢房

廊庑主要指用于连接门堂与中堂、中堂与后堂，位于庭院两侧的廊道。在长度上有单间、三间、五间，甚至七间等奇数开间。

除此之外还有一种廊叫轩廊，主要位于中堂或后堂前廊，有时也位于后廊或侧廊的前檐，其作用是遮阳。

厢房和廊庑的位置相似，但分隔为房间，多有起居功能。厢房还经常跟两侧廊庑相结合，在厢房前以廊庑与主体建筑相互连接（图3-14、图3-15）。

图3-14　广西百色粤东会馆厢房与廊庑

图3-15　广西桂林灵川江头村爱莲家祠厢房

3.3.5 庭院

两进的祠庙有一个庭院，三进的祠庙分前庭和后院，一般前庭开阔，较为开阳，后院狭窄，较为阴暗（图3-16）。

图3-16　佛山顺德北滘碧江慕堂苏公祠前庭

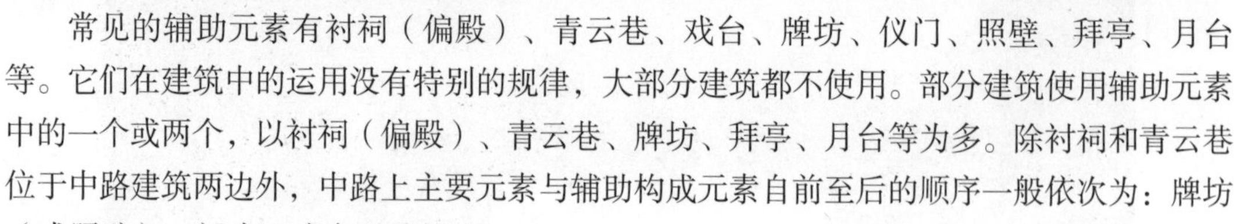

3.3.6 辅助元素

常见的辅助元素有衬祠（偏殿）、青云巷、戏台、牌坊、仪门、照壁、拜亭、月台等。它们在建筑中的运用没有特别的规律，大部分建筑都不使用。部分建筑使用辅助元素中的一个或两个，以衬祠（偏殿）、青云巷、牌坊、拜亭、月台等为多。除衬祠和青云巷位于中路建筑两边外，中路上主要元素与辅助构成元素自前至后的顺序一般依次为：牌坊（或照壁）、门堂、戏台、牌坊、拜亭（或月台）、中堂、拜亭（或月台）、后堂。但极少有这种把所有主要元素及辅助元素都包括在内的祠庙建筑。

❖ 衬祠（偏殿）

衬祠（偏殿）是位于中路建筑两侧的辅助构筑物，是辅助元素中使用最广的一个。衬祠（偏殿）大多单开间。中路与衬祠（偏殿）之间有时设青云巷作过渡空间，有时无青云巷直接连接在一起。衬祠（偏殿）一般对称分布在中路两侧形成三路建筑，少部分建筑仅一侧有衬祠（偏殿），形成两路建筑。此外还有个别建筑两侧各两路衬祠，共四衬，形成五路建筑，如陈家祠和佛山顺德小布何氏大宗祠。

衬祠（偏殿）无论是在平面、梁架，还是在装饰等方面都较朴素简单，以衬托中路建筑的主导地位。平面上与中路建筑相适应。与中路建筑前、中、后堂相对应的是前、中、后衬间，与中路庭院对应的则为庭院或侧廊。在立面上，衬祠（偏殿）的高度会略矮于中路建筑，以衬托中路建筑的核心地位（图3-17、图3-18）。

图3-17 佛山顺德乐从沙滘陈氏大宗祠中路及左右衬祠

图3-18 佛山南海大沥盐步平地黄氏大宗祠衬祠

❖ 青云巷

主路与边路之间常以青云巷连接，两个祠庙建筑之间也有以青云巷连接的。青云巷首进设门。

三路祠堂中，两条青云巷的巷门有着不同的功能分配：族中子弟每天早上需到祠堂读书，左边的“礼门”用于进入，右边的“义路”则用于退出（图3-19）。

❖ 戏台

岭南庙会是戏剧活动的重要场所，因此戏台很多依附于祠庙建筑。广西地区仍遗留大量设有戏台、戏楼的祠庙建筑，广东遗留得比较少。戏台多设置在门堂背面，或者设置于祠庙建筑前端，与门堂对望（图3-20～图3-22）。

图3-19　佛山禅城石湾澜石石头霍氏家庙祠堂群青云巷

图3-20　广西桂林恭城湖南会馆门堂后戏台

图3-21　广西桂林恭城武庙戏台

图3-22　广西柳州三江三王宫戏台

❖ 牌坊

牌坊起着先导或承前启后的作用，使整个建筑群显得布局严谨、层次分明，而牌坊本身庄重肃穆，也为建筑整体氛围添上重要一笔。

牌坊在祠庙建筑中的位置常见为三种。①位于建筑序列开端。如佛山祖庙灵应牌坊（详见图2-11）、肇庆德庆龙母祖庙牌坊（图3-23）、江门陈白沙祠牌坊（图3-24）等。②牌坊与大门合而为一，称为“牌坊式大门”。如佛山南海沙头崔氏宗祠牌坊式门堂（详见图3-5）等。③位于第一进院落。如广州番禺沙湾留耕堂牌坊（图3-25）、广西桂林恭城文庙棂星门（图3-26）等。

图3-23　肇庆德庆龙母祖庙牌坊

图3-24　江门陈白沙祠牌坊

图3-25　广州番禺沙湾留耕堂牌坊

图3-26　广西桂林恭城文庙棂星门

❖ 仪门

仪门，即礼仪之门。仪门常位于中轴线上，其形式可与门堂、中堂或者牌坊等结合（图3-27、图3-28）。

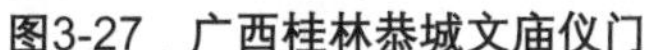

图3-27　广西桂林恭城文庙仪门

图3-28　广西柳州三江三王宫仪门

❖ 照壁

照壁是设立在一组建筑院落大门的里面或外面的墙壁，起到屏障的作用。既起着围合祠前广场、加强建筑群气势的作用，又起着增强建筑本身层次感的作用。

照壁在现存岭南祠庙建筑实例中比较少。碧江慕堂苏公祠是碧江（佛山顺德北滘）村心祠堂群的代表建筑，清光绪戊戌年（1898）始建，有一字形砖照壁，且其照壁极为精美。照壁长26.5米，深11.7米，形制为一字三楼三段式，两边开门，上有大量精美砖雕，是广州陈家祠的砖雕作者之一——名匠南海梁氏兄弟的代表作。照壁砖雕的完成时间较陈家祠晚四年，刀法更加成熟。有“麟雄拱日”“杏林春意”“九狮全图”“三羊启泰”等花鸟、瑞兽题材，气势宏伟、栩栩如生（图3-29）。

图3-29　佛山顺德碧江慕堂苏公祠前照壁

❖ 拜亭

拜亭是位于建筑中轴线上的构筑物，通常位于中堂或者后堂前。拜亭进深多为一间，面阔多与殿堂心间等阔，多为四柱亭式（图3-30～图3-32）。

图3-30　佛山禅城兆祥黄公祠拜亭

图3-31　广西桂林恭城栗木镇石头村某祠堂拜亭

图3-32　肇庆德庆龙母祖庙拜亭

❖ 月台

月台位于中堂或后堂前，成为殿堂的延伸。月台面阔有较多变化：有时与殿堂等面阔，如顺德乐从镇沙滘陈氏大宗祠，中堂面阔五间，月台与此等阔；有时与五开间当中三开间等阔；有时只与心间等阔。大部分月台的台基没有过多装饰，少部分则极显石雕工艺（图3-33）。

图3-33　顺德杏坛逢简刘氏大宗祠月台之上

❖ 其他建筑空间元素

还有其他的建筑空间元素，例如阳埕、功名碑、池桥、石狮子（石鼓）、钟鼓楼、碑亭等（图3-34～图3-36）。

图3-34　佛山南海西樵松塘区氏宗祠前功名碑

图3-35　揭阳学宫池桥

图3-36　胥江祖庙、右滩黄氏大宗祠门堂前石狮

3.4 结构形制

3.4.1 梁架结构

岭南地区祠庙建筑梁架结构兼具抬梁与穿斗的特点。

岭南祠庙建筑中，与正立面垂直、与山墙平行的梁架，称为横架。与正立面平行、与山墙垂直的梁架，称为纵架。传统建筑中横架主要起承重作用，相对的，纵架主要起拉结作用。纵架与横架共同构成“间”的概念（图3-37、图3-38）。

图3-37　潮州开元寺梁架

图3-38　广州番禺沙湾留耕堂梁架

3.4.2 屋面

岭南祠庙建筑的屋顶形式有歇山顶、庑殿顶、硬山顶、卷棚顶、悬山顶、攒尖顶等（图3-39），还有将卷棚顶与歇山顶结合的卷棚歇山顶等独特的屋顶形式。硬山顶是岭南祠庙建筑中最常见的屋顶形制。由于硬山顶的广泛应用，其与镬耳山墙（金式山墙）、人字山墙、水式山墙、土式山墙等各式山墙完美结合的外形成为岭南祠庙建筑的鲜明特征。卷棚顶是岭南传统建筑中很有特色的一种屋顶形式。

图3-39　佛山顺德龙江华西察院陈公祠门堂庑殿顶与硬山顶

岭南祠庙建筑的屋脊包括正脊、垂脊和看脊。正脊即建筑物中轴线上的屋脊，屋顶前后两坡相交处的正中脊带，位居建筑物最高处，对整个建筑极为重要，具有防止雨水渗透和装饰功能。垂脊是在歇山顶、庑殿顶、攒尖顶、硬山顶等建筑屋顶上，与正脊或宝顶相交，沿屋面坡度向下的屋脊，常有垂兽作饰物。看脊是建筑物两边厢房或者走廊上的脊带，一般只有站在庭院内才看得见，并只见其一面。

3.4.3 山墙

传统建筑中山墙的墙头是比较讲究的部位，传统文化中的阴阳五行之说也对其有所影响，因此山墙为建筑形制的重点部位之一，同时也形成了建筑丰富的侧面。

由于岭南祠庙建筑较多采用硬山顶，垂脊与山墙有机地组合在一起，形成各种山墙形式。岭南祠庙建筑的山墙形式主要有人字山墙、金式山墙（镬耳山墙）、水式山墙、土式山墙（五岳山墙），潮汕地区还有木式山墙和火式山墙（图3-40、图3-41）。

图3-40　土式山墙

图3-41　水式山墙

墀头是指硬山山墙檐柱以外的部分，是广府祠堂建筑正立面重点装饰部位之一，是砖雕工艺的主要表现之一。

3.4.4　柱

岭南祠庙建筑的柱可分为柱头、柱身、柱櫍和柱础四个部分。

柱身有木和石两种材质，内柱总是木质的。檐柱的用料则从早期到晚期经历从木质到石质的转变。柱身有两种形式，一为梭柱，一为直柱。岭南祠庙建筑中少见真正中间大两端小的梭柱，却有不少下部卷杀的梭柱（图3-42、图3-43）。

图3-42　潮州开元寺柱子

图3-43　佛山顺德勒流众涌天后宫龙柱

木柱柱身与石柱础之间，有一个独立的构件——柱櫍。柱櫍是一种古制，是置于柱础之上、垫于柱身之下的构件。

柱下有石柱础承托，柱础在建筑体系中既是受力构件又具有较强的装饰作用。柱础全部为石质。石柱础由上而下大致可分为两个部分——础身、础座。础身是柱础最富于变化、显现个性、精雕细琢的部分，其外形呈现各种变化：立面有覆盆形、覆莲形、鼓形、束腰形、花篮形等，平面有圆形、方形、六方形及八方形等，础身也是时代性特征突出的部分。础座一般为方形，较少雕饰。个别建筑采用双柱础形式，如图3-44～图3-46所示。

图3-44　广东地区祠庙建筑柱子的柱础

图3-45　广东地区祠庙建筑柱子的双柱础

图3-46　广西地区祠庙建筑柱子的柱础

3.4.5　梁

按照材质梁可分为木梁与石额两种（图3-47、图3-48）。木梁形态分为月梁、仿月梁与直梁三类，其中直梁应用较为普遍。随着石材加工工艺的成熟，清初祠庙建筑开始使用石额（一般为花岗岩材质）来取代木梁。

图3-47　佛山顺德乐从沙边何氏大宗祠门堂次间木阑额

图3-48　佛山顺德北滘桃村金紫名宗门堂次间石阑额

3.4.6 结构交接

结构交接的构件包括驼峰（柁墩）、斗栱和托脚。

驼峰（柁墩）是梁栿之上起支承、垫托作用的木墩，宋元时因做成骆驼背形，故称驼峰，后期发展为墩状的称柁墩。驼峰按材质可分为木、石两大类（图3-49）。

图3-49　佛山顺德乐从沙边何氏大宗祠木柁墩

斗栱结构上有斗❶、栱❷、昂❸、翘❹、升❺五种重要的分件。在岭南祠庙建筑中常见的斗栱形式还有一种如意栱式，除正出的昂、翘外，另有45°斜出的昂、翘相互交叉，形成米字形“网状”结构的斗栱，在岭南地区又名“莲花托”，主要见于牌坊及牌坊式大门。（图3-50）

托脚在岭南地区常见为S形、鳌鱼形等形式（图3-51）。

图3-50　佛山顺德北滘镇碧江尊明祠横架斗栱

图3-51　佛山顺德伦教羊额月池何公祠托脚

3.5 装饰形制

岭南祠庙建筑装饰按材质分，可总结为“三雕两塑一画”，即木雕、石雕、砖雕、陶塑、灰塑和壁画。这是岭南祠庙建筑中极其有特色的几种建筑装饰。

3.5.1　陶塑

陶塑是岭南传统建筑独有的建筑装饰。建筑陶塑包括陶脊饰❻、陶塑壁画、琉璃制

❶ 斗栱中承托栱、昂与翘的方形木块，状如旧时量米的斗，所以叫“斗”，位于栱心及其两端。（《中国古代建筑辞典》）

❷ 为矩形条状水平放置之受弯受剪构件。用以承载建筑出跳荷载或缩短梁、枋等的净跨。在平面上常与柱轴线垂直、重合或平行，也有呈45°或60°夹角的。

❸ 又名下昂、飞昂。它位于前后中线，向前后纵向伸出，贯通斗栱的里外跳，且前端加长，并有尖斜向下垂，昂尾则向上伸至屋内。（《中国古代建筑辞典》）

❹ 清式名称，形与栱相同，但方向与栱成正角，即纵向地向前后中线伸出并翘起，故名翘。（《中国古代建筑辞典》）

❺ 清式建筑斗栱栱端的小斗，在栱的两端，介于上下两层栱之间的承托上一层枋或栱斗形木块，实际上是一种小斗。升只承受一面的栱或枋，只开一面口。（《中国古代建筑辞典》《中国古建筑名词图解辞典》）

❻ 陶脊、宝珠、脊兽等。

品、瓦[1]、栏杆、漏窗花墙、华表等。最能代表岭南祠庙建筑装饰艺术高度的要数陶脊了。陶脊多用于大型祠庙建筑中，大多采用圆雕和通雕做法（图3-52），其他类型构件则多为几何图案纹样拼装而成。

图3-52　灵应祠拜亭东廊看脊“郭子仪祝寿”

陶脊又称“瓦脊”，是装饰在屋脊上的各种人物、鸟兽、花卉、亭台楼阁陶塑的总称，是“南国陶都”石湾民窑的特产。“瓦脊”上的人物和动物被岭南人亲切地称为“瓦脊公仔”，是岭南独创的传统建筑装饰。

清代石湾瓦脊盛期，瓦脊从西路通过西江水系运输和陆路传播到广西地区，从南面通过海运传播到东南亚各国，遍及整个东南亚地区，证明了瓦脊文化影响的范围之广，同时也证明了当年岭南海运的发达。至今在东南亚越南、缅甸、泰国、柬埔寨、新加坡、马来西亚、印度尼西亚和菲律宾等地以及中国香港、澳门的祠庙屋脊上，完整保留石湾制造的瓦脊就有上百条，建筑饰品更是无法统计。每条瓦脊上都标有年号和店铺字号，年代多数是清代中后期，店号有“奇玉”“英玉”“文如璧”等。

“瓦脊公仔”像一幕幕凝固的戏剧，展现在巍峨的建筑之上，岭南风情扑面而来，有情节复杂的历史故事场景，有精彩纷呈的粤剧折子戏，《姜太公封神》《哪吒闹东海》《郭子仪祝寿》《刘庆伏狼驹》《六国封相》《长坂坡》《薛仁贵征东》《穆桂英挂帅》……一片梨园春色，令人目眩神迷（图3-53）。

（1）瓦脊在岭南建筑装饰中的崇高地位

现有的瓦脊，多数是在清末新建或者重修建筑的时候装配到建筑屋脊上的。佛山祖庙始建于北宋元丰年间（1078—1085），明朝正统十四年（1449）建灵应祠，光绪二十五年（1899）重修；三水胥江祖庙始建于南宋咸淳四年（1268），清嘉庆十三年至十四年（1808—1809）和光绪十四年（1888）重修；德庆悦城龙母祖庙始建年代无法考证，清光

[1] 瓦筒、瓦当、滴水等。

绪三十一年（1905）重修；陈氏书院建于清光绪十四年到光绪二十年间（1888—1894年）。岭南的三大庙宇佛山祖庙、三水胥江祖庙、德庆悦城龙母祖庙，在19世纪末重修的时候都不约而同地以瓦脊代替原有的建筑脊饰，可见当时瓦脊已经成为岭南最受推崇的建筑装饰。像陈氏书院这样的民间建筑也争相仿效，以此为荣。虽然陶塑与灰塑并称岭南“两塑”，但其实瓦脊的装饰地位远高于灰脊。鸦片战争到中华人民共和国成立前，是石湾窑的萧条期。而瓦脊却在这一时期获得长足发展，代替其他脊饰成为岭南最高等级的建筑装饰，且形式奇伟瑰丽，广泛传播至东南亚等地，确实是一项奇迹（图3-54～图3-56）。

图3-53　陈家祠后进西厅正脊“刘庆伏狼驹”局部

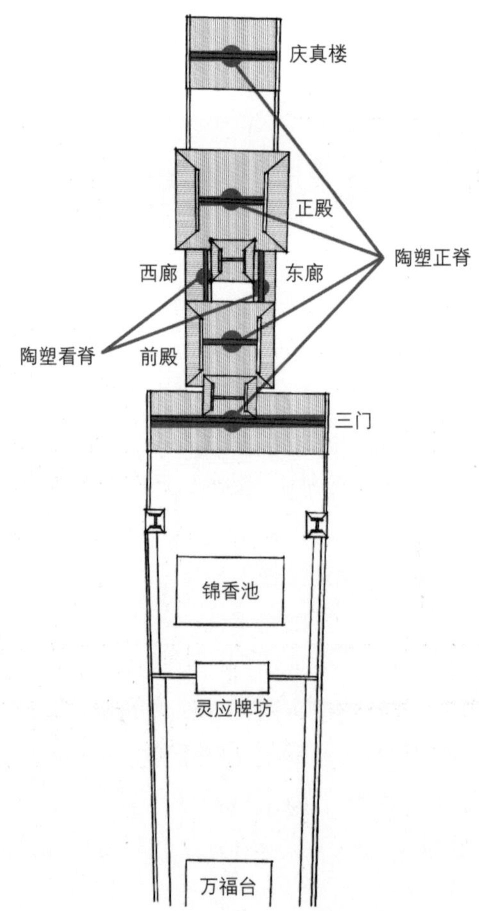

图3-54　佛山祖庙陶脊位置示意

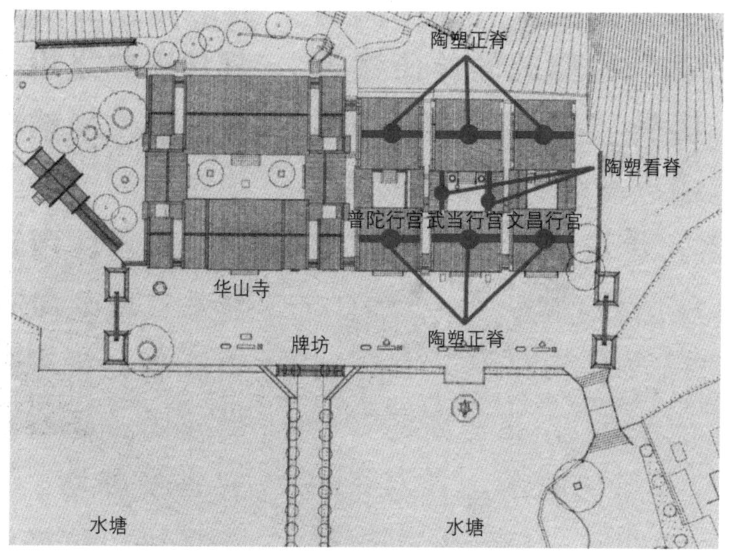

图3-55　胥江祖庙陶脊位置示意

资料来源：底图引自《三木胥江祖庙》

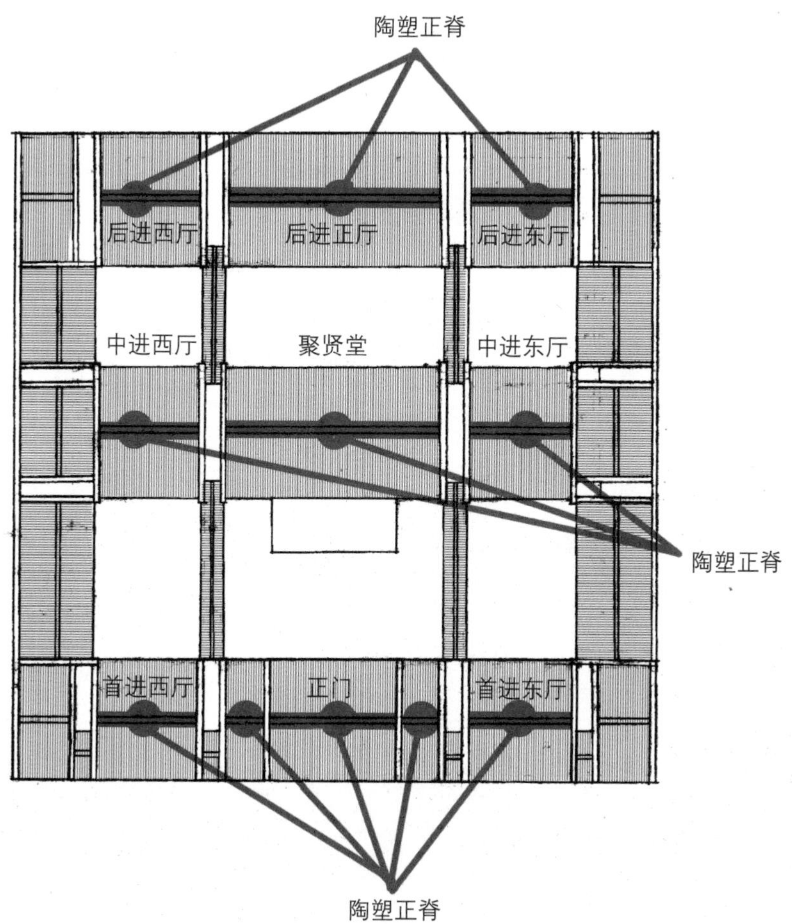

图3-56　陈家祠陶脊位置示意

（2）瓦脊公仔的匠作制度

瓦脊公仔上镌刻有作坊或作者的名号，作坊名号如“文如璧”“均玉”“奇玉”“美玉成”“宝玉”“英玉”等，作者名号如“荣昌”“黄古珍”等。由于这些重要祠庙上的瓦脊规模宏大，数量繁多，通常由多个作坊共同完成。同一时期由不同作坊制造的瓦脊，水平不相伯仲，可见当年石湾陶艺的整体水平。不仅整个建筑上的多个瓦脊是分工合作完成，而且每一条瓦脊，也是分段烧制拼装。佛山祖庙三门瓦脊长31.7米，高1.78米；陈氏书院聚贤堂的瓦脊长27米，高2.9米。其塑造、烧制、分段装配都需要大规模的分工合作，可见其行业分工合作制度的完善。

在合作的基础上，不同店家的瓦脊对建筑的影响程度是不同的，其中一些最著名的店家和艺人以领衔的方式参与瓦脊的制作。文如璧、宝玉、均玉、奇玉、美玉成等都是该行业知名的瓦脊名店，其中文如璧、宝玉与均玉店所占的市场份额最大。文如璧是清代最著名的瓦脊作坊，佛山祖庙三门瓦脊、佛山原市内关帝庙前照壁瓦脊、陈氏书院建筑首进五条瓦脊均为文如璧店造。该店有技艺精湛艺人例如黄古珍、陈祖、陈奇、陈辉、殷垣等，其代表作“姜太公封神”“刘庆伏狼驹”“穆桂英挂帅”“牛郎织女”等确为石湾瓦脊中的杰作。清末民初时期著名陶塑艺人陈谓岩、尤卓、陈辉等也在知名店号受雇，参与人物瓦脊的制造。有一批如此杰出的民间陶塑艺人领衔或参与瓦脊的创作与制造，使石湾瓦脊得到长足的发展（图3-57）。

图3-57　佛山祖庙灵应祠三门瓦脊“姜太公封神”局部（文如璧店造）

（3）瓦脊公仔艺术手法的发展

随着时间的推移，瓦脊公仔的表现手法不断地发生变化。最初的瓦脊为半浮雕的做法，及后出现高浮雕，最后发展到圆雕。而陶塑的风格开始比较简单，到清末发展成熟，群雕布局完美，疏密得当。陶脊所施釉色以深沉稳重的蓝色、绿色、褐黄色居多。道光晚期以后，陶脊人物形象多选自粤剧传统剧目（图3-58）。

图3-58 佛山祖庙灵应祠东廊陶塑看脊“郭子仪祝寿”局部

3.5.2 木雕

广东金漆木雕和浙江东阳木雕、温州黄杨木雕，福建龙眼木雕，合称“四大名雕”。广东金漆木雕又分为广派、潮派两派。广派木雕自明代开始逐渐形成定式，明清以后向建筑装饰和家具陈设上发展。木雕几乎涉及所有的建筑构件，最常见的是梁架，包括梁、驼峰（柁墩）、斗栱、托脚、雀替、梁头等。屏门、檐板、匾额、对联、神龛等也是木雕丰富的地方。木雕材料大多用楠、椴、樟、黄杨等木，多层次、高浮雕装饰多选用硬质材料，雕饰后进行水磨[1]、染色、烫蜡[2]处理。也有用杉木的，多以镂空、线刻[3]、薄雕形式出现。木雕的种类很多，主要有素平[4]（阴刻、线雕、线刻）、减地平钑（阴雕、暗雕、

[1] 加水磨光。

[2] 在木雕、地板、家具等表面撒上蜡屑，烤化后弄平，可以增加光泽。

[3] 线刻也称线雕，是木雕中最早出现也是最简单的一种做法，是一种线描凹刻的平面型层次木雕做法。

[4] 木雕中最早出现也是最简单的一种做法，在平滑的表面上阴刻图案形象纹样。

凹雕、沉雕、薄雕、平雕、平浮雕）、压地隐起[1]（浅浮雕、低浮雕、突雕、铲花）、高浮雕、通雕、镂雕、混雕、嵌雕[2]、贴雕[3]等（图3-59、图3-60）。

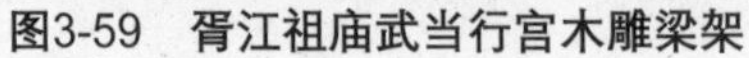

图3-59 胥江祖庙武当行宫木雕梁架

图3-60 陈家祠门堂木雕梁架

3.5.3 石雕

石雕常用于柱、柱础、阑额、门枕石、围栏、垂带石、墪台等地方，以及牌坊、凹斗式大门等。石材质坚耐磨，经久耐用，并且防水、防潮，外观挺拔。石雕传统的类别和做法，有线刻、阴刻[4]、减地平钑、浮雕（突雕）、圆雕（混雕、众雕）、通雕（透雕）等（图3-61、图3-62）。

图3-61 佛山南海大沥盐步平地黄氏大宗祠石雕斗栱

图3-62 佛山南海九江沙头崔氏宗祠牌坊石雕

❶ 压地隐起是一种浅浮雕，也称低浮雕、突雕，是木雕中普遍使用的一种做法。这种雕法一般多用于屏门、屏风、栏板、栅栏门和家具等构件上。

❷ 嵌雕是清代发展而成的雕饰类别，是在透雕和浮雕结合的基础上向多层次发展的一种雕刻技法，在岭南地区称为“钉凸”。这种做法一般多用在门罩、屏风、屏门等部件上，也用于较高贵的格扇上。

❸ 贴雕是在浮雕的基础上，将其他花样单独做出，再胶贴在浮雕花样的板面上，形成一种新的突出花样。

❹ 常用于碑文的雕刻手法。浮雕是用阳刻法把形象浮出于平面之上，阴刻正好相反，以凹入雕出形象。

3.5.4 砖雕

砖雕是模仿石雕而出现的一种雕饰类别，是在砖上加工，刻出各种人物、花卉、鸟兽等图案的装饰类别。由于比石雕经济、刻工细腻，故砖雕被广泛采用。由于砖雕所用材料与建筑的墙体材料一样，因而在质感、色调、施工技术等方面可高度统一（图3-63～图3-66）。

图3-63　陈家祠第一进人物砖雕壁画

还有一种预制花砖，通常也只用于通花漏窗、牌坊翻花等部位。通花漏窗一般以有规律的图案或纹样为主，也有连续重复的花纹图案或人物故事的形式（图3-67）。

砖雕的种类除剔地、阴刻外，还有浮雕、多层雕、透雕、圆雕等。砖雕多用在大门、墀头、墙面、照壁等处，应用最多的一般在墀头部位。墀头装饰以透雕、圆雕等增加立体效果。

图3-64　碧江慕堂苏公祠照壁砖雕

图3-65　佛山祖庙崇敬门（钟楼一侧）砖雕“牛皋守房州”

图3-66　碧江慕堂苏公祠墀头砖雕

图3-67　沙边何氏大宗祠中堂前檐墙漏窗

3.5.5 灰塑

灰塑是以白灰或贝灰为材料做成灰膏，加上色彩，然后在建筑物上描绘或塑造成型的一种装饰类别。灰塑包括画和批两大类。画即彩描，即在墙面上绘制壁画。批即灰批，即用灰塑塑造各种装饰。

彩画是灰塑的一种平面表现形式，着重于用色彩“描”和“画”，称之为“墙身画”。彩描的技法有意笔、工笔、水彩、双勾、单线等画法。彩画的抗蚀性较差，露天部位一般较少用，多用于檐下、墙楣、门窗框、室内墙面等。

灰批是指有阴阳立体感的灰塑做法，分为圆雕式和浮雕式两种。圆雕式灰批，又称立雕式灰批，主要用在尾脊上，有直接批上去的，也有做好后粘上去的。浮雕式灰批的题材有花鸟、人物、山水等（图3-68、图3-69）。

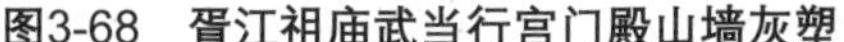

图3-68　胥江祖庙武当行宫门殿山墙灰塑

图3-69　佛山祖庙灰塑

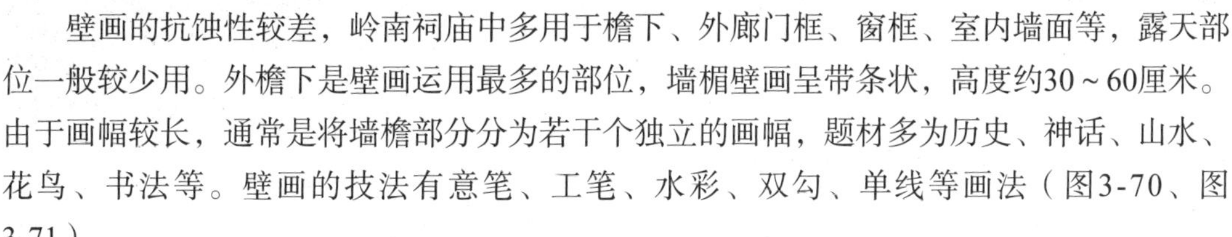

3.5.6 壁画、书法

壁画的抗蚀性较差，岭南祠庙中多用于檐下、外廊门框、窗框、室内墙面等，露天部位一般较少用。外檐下是壁画运用最多的部位，墙楣壁画呈带条状，高度约30～60厘米。由于画幅较长，通常是将墙檐部分分为若干个独立的画幅，题材多为历史、神话、山水、花鸟、书法等。壁画的技法有意笔、工笔、水彩、双勾、单线等画法（图3-70、图3-71）。

图3-70　佛山南海颜边颜氏大宗祠壁画

图3-71　佛山顺德杏坛高赞梁氏大宗祠壁画

书法在岭南祠庙中应用广泛，建筑门前石匾、对联、堂内木匾、柱身对联、壁画等皆有书法点缀（图3-72、图3-73）。

图3-72　广西柳州三江三王宫匾额

图3-73　广西百色粤东会馆匾额

3.5.7 其他装饰

还有其他装饰，如潮州的嵌瓷（图3-74），佛山的铸铁、彩色玻璃、贝壳等。

图3-74　潮州开元寺嵌瓷

4 岭南祠庙建筑的人文特点

岭南祠庙建筑是一个多面体，像棱镜一样折射出丰富多面的岭南传统文化性格。

4.1 宗族集权的制度与严整有序的规划

岭南地区宗族力量的强大与顽强是其他地方难以比拟的。“顺德祠堂南海庙”充分说明了岭南地区的祠堂数量之大、质量之高。祠堂建筑成为岭南传统建筑中当之无愧的代表作。

宗族制度发展的需求是推动祠堂建筑兴建的内在动力。明嘉靖“大礼议”的推恩令[1]导致了嘉靖十五年（1536）家庙及祭祖制度的改革，允许庶民祭祀始祖。广府地区以此为契机普及祠堂的建设。冼宝干《佛山忠义乡志》卷九《氏族》记载：“明世宗采大学士夏言议，许民间皆得联宗立庙。于是宗祠遍天下”。佛山历史村落的祠堂数量与质量充分证明了这些村落历史至今宗族力量的强大。祠堂见证了宗族的兴衰，是岭南地区富有特色的文化现象。因此岭南地区不惜花费巨资，集族人所长，营造出规模宏大、严整统一的祠堂建筑，甚至出现了大量僭越礼制的祠堂，如广州陈氏书院、南海九江崔氏宗祠、沙滘陈氏大宗祠等。

宗族组织十分发达，而祠堂则成为宗族组织不可或缺的强有力的纽带，祠堂建筑的兴建随宗族组织的加强而兴旺。宗族制度的完善无疑促进了祠堂建筑形制的成型，使得大部分祠堂的建造朝一个主流形制靠拢。[2]岭南祠庙建筑的中轴对称式布局，厅堂、神台或神龛位于中轴线上，就体现了伦理礼序、尊卑等传统观念。门枕石上方石狮一般为左雄右雌：雄狮脚踩石球、威风凛凛，象征族权的神圣不可侵犯；雌狮蹄扶幼狮，因“狮”与“嗣”谐音，又象征子嗣昌盛、家族繁盛。

4.2 因地制宜的思想与灵活多变的形制

岭南祠庙建筑注重选址，注重风气之来往，水流之去向，选址讲究“枕山、环水、面屏”。理想选址是在山坡之南，水流之北，呈抱负之势。但实际上很多建筑的地形不能满足这种要求，因此其建筑的朝向就因地制宜，依据特定的山水形局呈现千变万化的朝向格局。岭南地区的祠庙朝向是全方位的，与地形山水密切相关，一般都采用背山面水的朝向布局，各个朝向的祠庙均有案例。例如胥江祖庙就坐东南朝西北，三水昆都五显庙坐东朝西。据《顺德文物》中收录的祠堂数量统计，其中坐北朝南的有21座，占23%；坐西向东

[1] 明朝嘉靖十五年（1536），当时的礼部尚书夏言上《令臣民得祭始祖立家庙疏》，获得嘉靖帝恩准，开始了中国古代“臣庶祠堂之制”的重大改革，“天下得祀其始祖”，“祖不以世限，而人皆得尽其孝子慈孙之情矣”。

[2] 赖瑛. 珠江三角洲广府民系祠堂建筑研究[D]. 广州：华南理工大学，2010.

的有16座，占17.6%；坐东向西的有11座，占12.1%；坐南朝北和坐西南向东北的各有10座，各占10.9%；坐东北向西南的有5座，占5.5%；最少的是坐东南向西北和坐西北向东南的，均为4座，各占4.4%。[1] 很多祠庙会朝向附近的名山大川，以此来彰显其不同凡响。祠庙建筑所体现出的一个共同之处，就是将精神方面的功能发挥到极致。

岭南祠庙建筑是讲究布局形制的，早在明代已经形成比较统一的布局形制，清代形制更为成熟。但在实际案例中岭南传统建筑并不拘泥于格局形制，众多的祠庙建筑都是按照地形地势、山水形局和本族群所需，灵活地建造。因此虽然有众多的“广三路”或三间三进格局祠庙建筑，却没有两个是相同的。

岭南祠庙建筑的早期构架，无论是殿堂或是厅堂，都或多或少地借鉴了宋代官式的构架形制。随着时间的推移，岭南传统建筑的构架逐渐摆脱官式的影响而实现了对地方的适应，其中包括对自然环境和文化环境的适应。这个过程可以理解为一个在建造上不断“本土化”的过程。如在结构形制方面，岭南地区的传统建筑也有非常成熟的形制，但是表现在具体案例上，却因视觉感官、造价、族群特点等灵活地结合了各种形制，出现了很多创意的“混合式梁架”。即使是岭南祖庙如此庄严的庙宇，同一个大殿的梁架上也混合使用了三种类型，显示出岭南传统建筑不拘一格、潇洒灵活的性格特点。

4.3 慎终追远的观念与传承古制的营造

汉墓中出土了众多的陶屋，建筑形式多样，说明了岭南传统建筑从远古起一脉相承，源远流长并丰富多彩。

在与宋《营造法式》的比较中不难发现，岭南祠庙建筑的早期构架，无论是殿堂或是厅堂，都保留了众多唐宋时期乃至更早的建筑古制。例如祠庙门堂的塾台，一门四塾是周代天子诸侯的礼制，一门两塾则是大夫、士的级别，一般百姓不能有塾。明代岭南祠庙建筑门堂多为一门四塾，清代、民国时期的祠堂建筑则多为一门两塾，很好地保留了塾台的古制。另外有很多的建筑构件，如梭柱、月梁，柱子的柱头栌斗、柱櫍、屋顶的桷[2]板，梁架的叉手、托脚等，都保留了《营造法式》中的古制；还有很多的建筑营造方法，如侧脚[3]、生起[4]等，也保留了古制，可以说是一本活生生的建筑史书。有些古制在中原地区

[1] 统计资料来源于凌建、李连杰主编的《顺德文物》第4章《建筑（祠堂）》，香港：中和文化出版社，2007年，第61-168页。

[2] 桷是椽的一个古称，桷板即承瓦的椽板，在广府地区，屋顶不覆泥背，较为轻薄，重量小，用扁形木材，厚一二寸，称为桷板，民间更多地叫作“桁条”。

[3] 我国古代早期建筑中的柱子，特别是檐柱，绝大多数并非笔直的，而是微微向内倾斜，《营造法式》中称这种处理为侧脚。从唐到元的实例中观察，多数超过这一规定。明清建筑中柱的侧脚则很小或没有。

[4] 唐宋建筑中檐柱由当心间（明间）向两端角柱逐渐升高的做法。《营造法式》规定当心间两柱不升起，次间柱升高二寸，往外各柱依此递增，使檐口呈一两端起翘的缓和曲线。这种做法也用于屋脊等处。明初以后渐废。

早已不存在了，但在本地区一直流传到明清两代甚至民国时期，这对研究中国宋代以前的建筑形制有很大的价值。

4.4 开放多元的性格与兼容并包的风格

虽然岭南祠庙建筑在宗族集权的控制下，有严整有序的格局模式，但在实践过程中，祠庙布局却灵活多变，极大地受到自然与人文环境的影响。

岭南地区的建筑十分多元化，尤其是宗教建筑，有佛教的寺庙、庵堂，亦有道教的北帝庙、真武庙等，还有各种民间信仰的天后宫、关帝庙等。形形色色的宗教建筑和谐共存，甚至许多建筑本身就是数教合一的，例如佛山祖庙和胥江祖庙的儒释道三教并存。岭南祠庙建筑装饰中也是大量宗教和民间信俗题材共存，如源于道教信仰的姜太公封神、哪吒闹东海，源于佛教信仰的观音、罗汉，源于自然崇拜的日神、月神等，反映了岭南文化的博大包容。

岭南的地理位置靠海，人们的生活离不开海洋，岭南人民既喜爱又恐惧水的威力，水文化在岭南文化中占有极其重要的地位。岭南祠庙建筑装饰中具有众多与水有关的动物及题材，例如龙、鳌鱼、宝鸭等，双龙戏珠、哪吒闹海、八仙过海等场景出现频繁。鳌鱼（龙鱼）是中国传统文化龙崇拜与珠三角地区本土鱼崇拜相结合的产物。

岭南祠庙建筑中的殿堂与厅堂，将中原的抬梁式构架与南方的穿斗式构架融合，成为驼峰斗栱与瓜柱两种梁架结构。驼峰斗栱在主流文化的构架体系中更倾向于抬梁式结构体系，瓜柱梁架则更多地倾向穿斗式结构体系。不过，这两种梁架从来没有对立过，在一个建筑上会同时出现两种梁架，在同一个节点也可以把两种方式结合起来。这种混合形式的梁架形式说明了岭南祠庙建筑具有开放、兼容、自由的特点。

长期与海内外频繁交往的岭南人，建筑不拘谨于陈式旧格，大胆引用外来新事物，那种“万物皆备于我”、古今中外皆为我所用的气魄无出其右。岭南祠庙建筑传承了中国唐宋时期的建筑风采，同时吸收了西方的建筑文化，融合了当地的民俗文化，融会贯通成为广府文化的核心代表。如沙滘陈氏大宗祠、佛山孔庙等的整体风格是传统岭南风格，但局部也采用了西洋元素，如罗马式拱形门窗、巴洛克柱头、洋人石雕装饰等，还使用了国外出产的彩色玻璃、釉面砖等。在建筑艺术中有大量西式建筑或西式建筑构件，表达了当时岭南人民对多元文化的开阔胸怀。

4.5 彰显富贵的心态与繁缛精巧的装饰

明嘉靖年间，“大礼议”的推恩令导致嘉靖十五年（1536）家庙及祭祖制度的改革，特别是允许庶民祭祀始祖，岭南地区以此为契机普及宗祠。《岭南冼氏宗谱》卷二《宗庙谱》："明大礼议成，世宗思以尊亲之义广天下，采夏言议，令天下大姓皆得联宗建庙祀其始祖，于是宗祠遍天下。……我族各祠亦多建在嘉靖年代。逮天启初，纠合二十八房，建宗祠会垣，追祀晋曲江县侯忠义公，率为岭南始祖"。《南海九江朱氏家谱序例》："我家祖祠建于明嘉靖时，当夏言奏请士庶得通祀始祖之后"。[1]

一个村落、一个族群的兴衰，往往体现于其祠堂建筑。因此岭南地区的强宗右族，不惜花费巨资，集族人所长，营造出规模最宏大、最富丽堂皇的祠堂建筑。岭南地区出现了大量僭越礼制的祠堂建筑，如广州陈家祠、南海区的沙头崔氏大宗祠等。

在形制上，岭南祠庙建筑通过增加衬祠、青云巷、边路等空间层次，在视觉上营造超越其规模的宏大感觉。在材料上，选用上等的红木、青砖、优等石材以彰显其尊贵稀有。在装饰上，则极尽奢华，各种类型的雕饰遍布建筑内外，无一遗漏。

到了清代中后期，祠庙建筑被岭南人打造得更加富贵繁缛，甚至连一个小构件也是满满的通雕，例如南海区的平地黄氏大宗祠，整个建筑的所有构架都是雕刻装饰，甚至连门前的斗栱都以透雕处理，没有一分留白。发展至此，已是装饰过度，装饰之重重于构件本身，从某种意义来说，是岭南建筑文化的一种退步。

[1] 赖瑛. 珠江三角洲广府民系祠堂建筑研究[D]. 广州：华南理工大学，2010.

参考文献

[1] 傅华．岭南十章[M]．广州：广东人民出版社，2019.

[2] 刘敦桢．中国古代建筑史[M]．北京：中国建筑工业出版社，2013.

[3] 孙大章．中国古代建筑史·清代建筑[M]．北京：中国建筑工业出版社，2004.

[4] 潘谷西．中国建筑史[M]．北京：中国建筑工业出版社，2009.

[5] 程建军．岭南古代大式殿堂建筑构架研究[M]．北京：中国建筑工业出版社，2002.

[6] 程建军．梓人绳墨：岭南历史建筑测绘图选集[M]．广州：华南理工大学出版社，2013.

[7] 程建军，李哲扬．广州光孝寺建筑研究与保护工程报告[M]．北京：中国建筑工业出版社，2010.

[8] 李菁，胡中介，林子易，等．广东海南古建筑地图[M]．北京：清华大学出版社，2015.

[9] 陆琦．广东古建筑[M]．北京：中国建筑工业出版社，2015.

[10] 齐康，尹培桐，彭一刚，等．中国土木建筑百科辞典·建筑[M]．北京：中国建筑工业出版社，1999.

[11] 北京市文物研究所．中国古代建筑辞典[M]．北京：中国书店，1992.

[12] 王效清．中国古建筑术语辞典[M]．北京：文物出版社，2007.

[13] 冯江．祖先之翼：明清广州府的开垦、聚族而居与宗族祠堂的衍变[M]．北京：中国建筑工业出版社，2010.

[14] 凌建．顺德祠堂文化初探[M]．北京：科学出版社，2008.

[15] 佛山市博物馆．佛山祖庙[M]．北京：文物出版社，2005.

[16] 周彝馨，吕唐军．石湾窑文化研究[M]．广州：中山大学出版社，2014.

[17] 周彝馨. 佛山传统建筑研究[M]. 广州：中山大学出版社，2015.
[18] 周彝馨，吕唐军. 佛山传统建筑[M]. 广州：广东人民出版社，2016.
[19] 周彝馨，吕唐军. 佛山祠庙建筑[M]. 北京：中国建筑工业出版社，2017.
[20] 周彝馨，吕唐军. 顺德古建筑研究[M]. 广州：广东人民出版社，2019.
[21] 周彝馨，吕唐军. 佛山历史村落[M]. 广州：南方日报出版社，2017.
[22] 佛山市博物馆. 佛山市文物志[M]. 广州：广东科技出版社，1991.
[23] 佛山市南海区文化广电新闻出版社. 南海市文物志[M]. 广州：广东经济出版社，2007.
[24] 中共佛山市南海区委宣传部. 南海名胜[M]. 广州：中山大学出版社，2010.
[25] 顺德县文物志编委会. 顺德文物志[M]. 广州：广东人民出版社，1994.
[26] 佛山市三水区文化局. 三水古庙·古村·古风韵[M]. 广州：广东人民出版社，1994.
[27] 程建军. 三水胥江祖庙[M]. 北京：中国建筑工业出版社，2008.
[28] 李剑平. 中国古建筑名词图解辞典[M]. 太原：山西科学技术出版社，2012.
[29] 赖瑛. 珠江三角洲广府民系祠堂建筑研究[D]. 广州：华南理工大学，2010.
[30] 杨扬. 广府祠堂建筑形制演变研究[D]. 广州：华南理工大学，2013.
[31] 程建军. 广府式殿堂大木结构技术初步研究[J]. 华中建筑，1997（04），59-65.
[32] 陆琦. 广州萝岗玉岩书院[J]. 广东园林，2011，33（02）：77+85-86.
[33] 王一珺. 玉岩书院和萝峰寺的空间分析[J]. 华中建筑，2002（01）：75-78.
[34] 彭村，李惠. 广州萝岗香雪个案研究[J]. 文化遗产，2009（02）：146-150.
[35] 李炯. 百粤名山三元古观——广州三元宫[J]. 中国宗教，2006（04）：50-51.
[36] 严峻峻. 广州三元宫医史遗迹调查[J]. 中医文献杂志，2000（03）：11-12.
[37] 余信昌，黄诚通. 鲍靓、鲍姑与广州三元宫[J]. 道协会刊，1984（15）：70-74.
[38] 张奇锋，刘雷. 锦纶会馆：繁华有时，智慧恒久[J]. 广东科技报，2011（05）：15-16.
[39] 邹育周，关倚文. 锦纶会馆：丝绸之路的繁盛记忆[J]. 新经济，2012（04）：42-43.
[40] 段雪玉. 锦纶堂：近代蚕丝业行会组织的社会史考察[J]. 海洋史研究，2012（05）：191-221.
[41] 周彝馨. 岭南传统建筑陶塑脊饰及其人文性格研究[J]. 中国陶瓷，2011（05）：38-42.

后记

一直潜心于岭南地区传统建筑之研究，数载寒暑更替而不自知。如果说日晒雨淋、十年如一日的踏查过程艰辛，莫不如说苦思冥想、豁然开朗的领悟让人振奋。

此书得益于广东省自然科学基金项目、广东省普通高校重点领域专项的大力支持和资助，终得以成稿。岭南建筑文化博大精深，众多宝藏尚待发掘。研究之路仍漫漫，抵达彼岸仍需时日。

从调研、构思开始，在漫长而艰辛的研究道路上，众多师长、专家学者、亲人、朋友及对岭南传统建筑有深厚感情的人都给予了我们最无私的帮助，使我们在踯躅前进的道路上不再孤单和犹疑。

在研究阶段得到众多专家学者的珍贵指点。承蒙华中科技大学、华南理工大学、华南农业大学、北京大学、中国文化遗产研究院、清华大学、广东省社会科学界联合会多位教授、专家的教导，使我们聆听到许多弥足珍贵的教诲。特别是我的导师李晓峰教授、胡正凡教授、吴桂宁教授、何镜堂院士，还有丛沛桐教授、陈忠烈研究员、查群总工、徐怡涛教授、詹长法院长、张复合教授、林有能主席、李庚英教授、倪根金教授、王福昌教授等的指导，令我们的研究不再停留于浅层。

深深感谢在写作过程中访谈、求教的多位专家学者、工匠和居民，为本书的内容提供了大量翔实的资料。

感谢周彝馨广府古建筑技能大师工作室（广东省技能大师工作室）团队大量扎实的工作。感谢工作过程中，我们的队友任曼宁工程师、张凤娟研究员、廖鸿生工程师、李凌宇先生、张入方老师、许媛媛老师、张晓佳老师、谢超老师等的支持配合。

感谢华南农业大学水利与土木工程学院、建筑学系对我们工作的大力支持，特别感谢丛沛桐院长、吴运江老师、陈乃华老师、姜磊老师为我们工作提供的各种条件。感谢我们的学生蔡婉玲、郭映雪、董方琪、邱泽智、范俊杰、朱冰冰、陈文滨、陈雪冰、赖纪鸣、李展鹏、杨玉苹、林清泓、彭加敏、钟建彬、苏睿龙、张妤、杨欣婷、彭懿、郭小枫、陈凯莹、钟鸣菲、陈锐烨、蔡旭禧、陈俊廷、陈彦毓、冯馨慧、昂盛名、全晓东、区景升、欧健龙、彭若彤、苏元浩、丘希雯、郑俊扬、郭龙杰、朱蓥、冯麒桦、罗泊麟、黄雅雯、范泽生、谭丽欣、罗茜、许濡丹、吴昊晴、区浩欣、沈晓敏、卢惠琼、沈嘉意、刘彦彤、郑浩霞、林润青、朱海琳、潘楚乔、何毅贤、万世凌、梅颢耀、陈其昕、张琬英、欧阳天麟、山心怡、郭艳虹、曾雁蓉、陈佳颖、陈东桐、李晓庆、杨静绒、陈志星、陈长青、陈泽辉、何俊晓、邝子坤、林嘉辉、刘栩鹏、阮奕琳、林子祺、周淑铃、郑南南、李成中、林桂忠、蔡力然、陈桂涛、陈光恒、刘育焕、谢龙交、郭思侠、王彦祺、韦唐宾、郑乃山、陈惠容、陈旭升、谢泽芳、陈纯子、曹爱芳、陈阳阳、张文素、谭海霞、杨凯媚、柯楚凡、李岚、马泽桐、杨育东、黄守彪、林瑞森、黄耀凤、张清楷、巫民杰、叶达权、梁雄、吴桂阳、杨贵林、文亚玲、林燿安、王捷达、田俐、毛梅倩、张希安、丘小圆、王立妍、邓敏华、马桂梅等同学的扎实工作。

感谢研究机构、学者们等在研究过程中提供的各种参考资料，特别感谢佛山市建设委员会、西安建筑科技大学、佛山市城乡规划处、佛山市规划局顺德分局、佛山市城市规划勘测设计研究院、杨小晶老师等的《佛山市历史文化名城保护规划》《北滘镇碧江村历史文化保护与发展规划说明书、专题研究》《广东省岭南近现代建筑图集（顺德分册）》。

曾经帮助我们的志同道合者数之不尽，定有遗漏。最后，最诚挚地向所有关心和帮助过我们的师长、前辈、亲人、朋友、学生表示由衷的谢意与敬意！

周彝馨　吕唐军

二〇二一年冬于华南农业大学·周彝馨广府古建筑技能大师工作室